"十三五"国家重点出版物出版规划项目

高等教育网络空间安全规划教材

网络空间安全导论

李 剑 杨 军 主编

机 械 工 业 出 版 社

本书是导论性质的教材，提供了大量的图和案例，把较深的网络空间安全理论方法用非常浅显的语言讲述出来，主要内容包括网络空间安全概述、密码学简介、黑客攻击原理与技术、物理层安全、防火墙、入侵检测技术、虚拟专用网技术、操作系统安全、计算机病毒与恶意软件、信息安全管理、网络信息安全风险评估、网络信息系统应急响应、新的网络攻击方式，共 13 章。

本书可作为高校信息安全、网络空间安全、计算机类、电子信息类专业的教材，也适合从事信息安全工作的专业技术人员或爱好者参考。

本书配有授课电子课件，需要的教师可登录 www.cmpedu.com 免费注册，审核通过后下载，或联系编辑索取（微信：15910938545，电话：010 -88379739）。

图书在版编目（CIP）数据

网络空间安全导论／李剑，杨军主编. —北京：机械工业出版社，2020.12
（2024.7 重印）

"十三五"国家重点出版物出版规划项目　高等教育网络空间安全规划教材

ISBN 978-7-111-67112-1

Ⅰ.①网…　Ⅱ.①李…　②杨…　Ⅲ.①计算机网络-网络安全-高等学校-教材　Ⅳ.①TP393.08

中国版本图书馆 CIP 数据核字（2020）第 249574 号

机械工业出版社（北京市百万庄大街 22 号　邮政编码 100037）
策划编辑：郝建伟　　责任编辑：郝建伟　陈崇昱
责任校对：张艳霞　　责任印制：郜　敏
中煤（北京）印务有限公司印刷

2024 年 7 月第 1 版·第 6 次印刷
184mm×260mm·11.75 印张·290 千字
标准书号：ISBN 978-7-111-67112-1
定价：49.00 元

电话服务　　　　　　　　　　　网络服务

客服电话：010-88361066　　　机　工　官　网：www.cmpbook.com
　　　　　010-88379833　　　机　工　官　博：weibo.com/cmp1952
　　　　　010-68326294　　　金　书　网：www.golden-book.com
封底无防伪标均为盗版　　　机工教育服务网：www.cmpedu.com

高等教育网络空间安全规划教材
编委会成员名单

前　　言

党的二十大报告强调，要健全国家安全体系，强化网络在内的一系列安全保障体系建设。没有网络安全，就没有国家安全。随着我国信息化的快速发展，网络安全问题更加突出，对网络安全人才建设也不断提出新的要求。网络空间的竞争，归根结底是人才竞争。从总体上看，我国网络安全人才还存在数量缺口较大、能力素质不高、结构不尽合理等问题，与维护国家网络安全、建设网络强国的要求不相适应。网络安全学科建设才刚刚起步，迫切需要加大投入力度。

2016 年，中央网络安全和信息化领导小组办公室在《关于加强网络安全学科建设和人才培养的意见》中明确提出要"加强网络安全教材建设"。本书正是在这一指导意见下编写的。

本书共 13 章。第 1 章是网络空间安全概述，主要简述了网络空间安全的概念、网络空间安全的发展过程、网络空间安全的结构和模型等；第 2 章是密码学简介，主要讲述了常用的密码技术，包括对称密码学、公钥密码学、哈希函数；第 3 章是黑客攻击原理与技术，主要讲述了黑客的概念、攻击的一般流程、典型的攻击方法、网站被黑客攻击的防护方法；第 4 章是物理层安全，主要讲述了物理层安全概述、机房安全建设、物理环境安全、物理安全控制；第 5 章是防火墙，主要讲述防火墙概述、防火墙的作用与局限、防火墙的技术实现、防火墙的体系结构、防火墙的性能指标、防火墙网络地址转换功能、防火墙新技术；第 6 章是入侵检测技术，主要讲述入侵检测技术概述、入侵检测模型、入侵检测的分类、入侵检测技术的未来发展等；第 7 章是虚拟专用网技术，主要讲述虚拟专用网概述、虚拟专用网的工作原理、虚拟专用网的技术原理、虚拟专用网的应用模型、虚拟专用网使用举例；第 8 章是操作系统安全，主要讲述操作系统安全概述、Windows 操作系统的安全配置、安装 Windows 操作系统注意事项；第 9 章是计算机病毒与恶意软件，主要讲述计算机病毒概述、典型的计算机病毒分析、计算机病毒防护方法、恶意软件；第 10 章是信息安全管理，主要讲述信息安全管理概述、单位日常网络安全管理制度、网络安全相关法律法规；第 11 章是网络信息安全风险评估，主要讲述风险评估概述、国内外风险评估标准、风险评估的实施；第 12 章是网络信息系统应急响应，主要讲述应急响应概述、应急响应的阶段、应急响应的方法、计算机犯罪取证；第 13 章是新的网络攻击方式，主要讲述由于用户隐私泄露导致的新型攻击、工业控制系统安全面临严重挑战、智能终端遭受病毒攻击、网络刷票。

本书第 1 至 7 章主要由宁夏大学信息工程学院兼职教授、博士生导师李剑编写，第 8 至 13 章主要由宁夏大学信息工程学院杨军教授编写。参加本书编写的还有王娜、李朝阳、李恒吉、田源、朱月俊、孟玲玉、李胜斌、陈彦侠、孟祥梅、郝瑞敏。

由于作者水平有限，书中疏漏与不妥之处在所难免，恳请广大同行和读者斧正。编者电子邮箱：49198887@ qq. com。

编　者

目　　录

第1章 网络空间安全概述

本章从网络空间安全简介入手，分别介绍了网络空间安全的定义、网络空间安全发展过程、网络空间安全的模型与结构、网络空间安全的重要性、网络空间安全教育的发展等。重点强调了没有网络安全就没有国家安全。

1.1 网络空间安全简介

1.1.1 引言

1. 生活中的网络安全问题

当提到网络安全的时候，很多人就会想起"黑客""病毒"等，觉得网络安全非常神秘，甚至距离现实生活很遥远。而实际上，网络安全与人们的生活息息相关，网络安全无处不在。例如，生活中经常会遇到或听到如下一些安全事件：

- QQ 号码被盗。
- 计算机遭受了病毒攻击，如勒索病毒、U 盘病毒等。
- 计算机里重要文件被错误删除了。

如图 1.1 所示为勒索病毒爆发后的界面。这个病毒爆发后，要求受害者支付比特币。

图 1.1　勒索病毒

2. 工作中的网络安全问题

在网络时代，单位的计算机网络系统也会成为各种网络安全问题的重灾区。例如，下面工作中可能遇到的网络安全问题：

- 单位门户网站网页遭受篡改。
- 单位门户网站遭受拒绝服务攻击，正常用户得不到应有的服务。
- 单位商业机密通过网络泄密。

3. 我国的国家网络安全问题

我国的国家网络安全同样受到严峻挑战。国外反动势力从来都没有停止过对我国政府、部委、公司等的攻击。据媒体披露，某外国情报机构的网络攻击组织对我国关键领域进行了长达多年的网络渗透攻击。中国航空航天、石油行业、大型互联网公司以及科研机构、政府机关等多个单位均遭到过不同程度的攻击。

4. 国际网络安全问题

在国际上网络安全问题同样非常重要。特别是美国总想充当世界警察的角色，去监听别的国家。例如，2013 年 6 月，前中情局（CIA）职员爱德华·斯诺登（图 1.2）将两份绝密资料交给英国《卫报》和美国《华盛顿邮报》，并告知媒体何时发表。按照设定的计划，2013 年 6 月 5 日，英国《卫报》先扔出了第一颗舆论炸弹：美国国家安全局有一项代号为"棱镜"的秘密项目，要求电信巨头威瑞森公司必须每天上交数百万用户的通话记录。2013 年 6 月 6 日，美国《华盛顿邮报》披露，过去 6 年间，美国国家安全局和联邦调查局通过进入微软、谷歌、苹果、雅虎等九大网络巨头的服务器，监控美国公民的电子邮件、聊天记录、视频及照片等秘密资料。美国舆论随之哗然。美国有时甚至直接利用这些公司的技术和设备进行监控，对象涉及外国领导人，本国公民，甚至商业领袖和许多重要部门的决策者。随着斯诺登的曝光，一个能够运用高科技进行全方位监控的庞大幕后机构浮出水面，让人不寒而栗。这不但引发了美国国内的一片抵制，也极大地损害了美国的国际形象。

图 1.2　爱德华·斯诺登

综上所述，无论从个人、单位、中国、世界来说，网络空间安全都是非常重要的。下面先来看看什么是网络空间，再讲解网络空间安全。

1.1.2　网络空间概述

1984 年，移居加拿大的美国科幻作家威廉·吉布森（William Gibson），写了一部长篇科幻小说《神经漫游者》（*Neuromancer*）。小说出版后，好评如潮，并且获得多项大奖。小说讲述了反叛者兼网络独行侠凯斯，他受雇于某跨国公司，被派往全球计算机网络构成的空间里，去执行一项极具冒险性的任务。凯斯进入这个巨大的空间，并不需要乘坐飞船或火箭，只需在大脑神经中植入插座，然后接通电极，计算机网络便被他感知。当网络与人的思想意识合而为一后，即可遨游其中。在这个广袤的空间里，看不到高山荒野，也看不到城镇乡村，只有庞大的三维信息库和各种信息在高速流动。吉布森把这个空间取名为"赛博空间"（Cyberspace），也就是现在所说的"网络空间"。这就是网络空间的最早来源。图 1.3 为威廉·吉布森。

图 1.3　威廉·吉布森

美国国家安全 54 号总统令和国土安全 23 号总统令对 Cyberspace 的定义是：Cyberspace 是连接各种信息技术的网络，包括互联网、电信网、计算机系统，以及各类关键工业设备中的各种嵌入式处理器和控制器。在使用该术语时还应该涉及虚拟信息环境，以及人和网络之间的相互影响。目前，国内外对 Cyberspace 还没有统一的定义。一般认为它是信息时代人们赖以生存的信息环境，是所有信息系统的集合。因此，把 Cyberspace 翻译成信息空间或网络空间是比较好的。其中信息空间突出了信息这一核心内涵，网络空间则是突出了网络互联这一重要特征。本书主要采用网络空间这一名称。总之，人们通常所说的网络空间，是指基于因特网而形成的全球性网络空间。

网络空间需要借助计算机基础设施和通信线路来实现。换句话说，它是在计算机上运行的。然而计算机内包含什么样的信息才是其真正的意义所在，并且以此作为网络空间价值的衡量标准。它具有如下两个重要特点：一是信息以电子形式存在；二是计算机能对这些信息进行处理（如存储、搜索、索引、加工等）。现在，网络空间已成为由计算机及计算机网络构成的数字社会的代名词。从理论上讲，它是所有可利用的电子信息、信息交换以及信息用户的统称。

1.1.3　互联网与因特网

严格地讲，我们现在所使用的网络不能叫互联网。通常多个对等的实体通过网络相互连接起来才能称作互联的网络，即互联网。可现实当中我们使用的并不是一个对等的网络，而是只有一个网络，即美国的因特网（或叫 Internet）。只是我们通常使用习惯了才把因特网叫作互联网。本书中如无特别说明，所有互联网都指的是因特网。

1. 因特网

因特网是"Internet"的中文译名，它起源于美国的五角大楼，它的前身是当时美国国防部的高级研究计划局[☉]（Advanced Research Projects Agency，ARPA）主持研制的ARPAnet项目。20世纪50年代末，正处于美苏冷战时期。当时美国军方为了使自己的计算机网络在受到袭击时，即使部分网络被摧毁，其余部分仍能保持通信联系，便由ARPA建设了一个军用网，叫作"阿帕网"（ARPAnet）。阿帕网于1969年正式启用，当时仅连接了4台计算机，供科学家们进行计算机联网实验用，这就是因特网的前身。

到20世纪70年代，ARPAnet已经有了好几十个计算机网络，但是每个网络只能在网络内部的计算机之间互联通信，不同计算机网络之间仍然不能互通。为此，ARPA又设立了新的研究项目，以支持学术界和工业界进行有关的研究，研究的主要内容就是想用一种新的方法将不同的计算机局域网互联，形成"互联网"。研究人员称之为"internetwork"，简称"Internet"，这个名词就一直沿用至今。

管理因特网的是它的根服务器。因特网在全世界只有13台根服务器。1个为主根服务器，放置在美国。其余12个均为辅根服务器，其中9个放置在美国，欧洲2个（分别位于英国和瑞典），亚洲1个（位于日本）。所有根服务器均由美国政府授权的互联网域名与号码分配机构（ICANN）统一管理，负责全球互联网域名根服务器、域名体系和IP地址等的管理。

2. 我国网络状况

2020年4月，中国互联网络信息中心（CNNIC）在北京发布第45次《中国互联网络发展状况统计报告》（以下简称《报告》）。截至2020年3月，我国网民规模达9.04亿，较2018年底增长7508万，互联网普及率达64.5%，较2018年底提升4.9%；我国手机网民规模达8.97亿，较2018年底增长7992万，网民使用手机上网的比例达99.3%，较2018年底提升0.7%。与5年前相比，移动宽带平均下载速率提升约6倍，手机上网流量资费水平降幅超90%。"提速降费"推动移动互联网流量大幅增长，用户月均使用移动流量达7.2 GB，为全球平均水平的1.2倍；2019年全年移动互联网接入流量达1220.0亿GB。

3. 我国互联网安全不容乐观

目前，我国已经是全世界最大的互联网用户国家，但是从根服务器的角度来讲，我们是"美国网民"。我们所有人都在使用"美国的网络"。虽然我们国家在国际互联网入口处建有"国家防火墙"。但是这就好像，在地主家里修建了一个花园是一样的，地主想要看花园里的东西很容易。美国有政客宣称"穿过长城（防火墙），我们可以到达中国的每一个角落"。

由此可见，中国是互联网第一大国，但不是互联网强国。在互联网这个网络空间当中我们的话语权很弱，在互联网安全方面我们还有很长的路要走。

1.1.4　网络空间安全的定义

网络空间已经逐步发展成为继陆、海、空、天之后的第五大战略空间，是影响国家安全、社会稳定、经济发展、文化传播、个人利益的核心、关键和基础。它的安全至关重要，存在一些急需解决的重大问题。

☉　该机构现已更名为DARPA，即Defense Advanced Research Projects Agency。

网络空间安全（Cyberspace Security）主要研究网络空间中的信息在产生、存储、传输、处理等环节所面临的威胁和防御措施，以及网络和系统本身的威胁和防护机制。它不仅包括传统信息安全所研究的信息的保密性、完整性和可用性，还包括构成网络空间基础设施的安全性和可信性。

1.1.5 信息安全、网络安全、网络空间安全三者之间的关系

我们经常听说信息安全、网络安全和网络空间安全这三个概念，它们很容易混淆，也很难区分。这里需要明确信息安全、网络安全、网络空间安全概念的异同。

三者均属于非传统安全，均聚焦于网络信息领域的安全问题。通常，将网络空间安全简称为网络安全，二者都可以用英文 Cyber Security 来描述。计算机网络中有一个网络层（ISO标准里是网络层，TCP/IP 协议族里是互联网层），这个层的安全通常称为网络层安全，英文为 Network Security。

网络安全及网络空间安全的核心是信息安全，只是出发点和侧重点有所差别。信息安全是 Information Security，网络安全是 Cyber Security。不过工业界不太抠字眼，对信息安全和网络安全的区分不是很严格。

学术界早年认为网络安全属于网络的范畴，到主机里就不算了。所以网络安全是信息安全的子集，网络安全就是网络上的信息安全。所以除非特指 Syn Flood、ARP Spoofing 等和网络强相关的安全问题，笼统说的时候都叫信息安全。成立于 1997 年的中国信息安全测评中心就用了"信息安全"这个词。

在发布于 2016 年的《中华人民共和国网络安全法》中，网络安全的官方英文译法就是"Cyber Security"。

本书中的信息安全、网络安全、网络空间安全采用通俗的理解方法，即认为它们是一样的，只是叫法不同，不加区分。网络层安全（Network Security）只是上述三个安全问题的一部分，需要和它们区别开来。

1.2 网络空间安全的发展过程

网络空间安全历来都是非常受人们关注的问题，但在不同的发展时期，网络空间安全的侧重点和控制方式是有所不同的。大致说来，网络空间安全在其发展过程中经历了三个阶段。

第一阶段：早在 20 世纪初期，通信技术还不发达，面对电话、电报、传真等信息交换过程中存在的安全问题，人们强调的主要是网络空间中信息的保密性，对安全理论和技术的研究也只侧重于密码学，这一阶段的网络空间安全可以简单称为通信安全，即 COMSEC（Communication Security）。

第二阶段：20 世纪 60 年代后，半导体和集成电路技术的飞速发展推动了计算机软硬件的发展，计算机和网络技术的应用进入了实用化和规模化阶段，人们对安全的关注已经逐渐扩展为以保密性、完整性和可用性为目标的信息安全阶段，即 INFOSEC（Information Security），具有代表性的成果就是美国的 TCSEC 和欧洲的 ITSEC 测评标准。

第三阶段：20 世纪 80 年代开始，由于互联网技术的飞速发展，信息无论是对内还是对

外都得到极大开放，由此产生的网络空间安全问题跨越了时间和空间，网络空间安全的焦点已经不仅仅局限于传统的保密性、完整性和可用性三个原则了，由此衍生出了诸如可控性、抗抵赖性、真实性等其他原则和目标，网络空间安全也从单一的被动防护向全面而动态的防护、检测、响应、恢复等整体体系建设方向发展，即所谓的信息保障（Information Assurance）。这一点，在美国的 IATF 规范中有清楚的表述。

1.3　网络空间安全的模型与体系结构

本小节介绍网络空间安全的模型和体系结构。在这里网络空间安全模型是动态的，而网络空间安全模型体系结构则是静态的，它们之间也有联系。

1.3.1　网络空间安全模型

基于闭环控制的动态网络空间安全理论模型在 1995 年开始逐渐形成并得到了迅速发展，学术界先后提出了 PDR、P^2DR 等多种动态风险模型。随着互联网技术的飞速发展，企业网的应用环境千变万化，现有模型存在诸多待发展之处。

P^2DR^2 动态安全模型研究的是基于企业网对象、依时间及策略特征的动态安全模型结构，由策略、防护、检测、响应和恢复（Policy, Protection, Detection, Response, Restore）等要素构成，是一种基于闭环控制、主动防御的动态安全模型，通过区域网络的路由及安全策略分析与制定，在网络内部及边界建立实时检测、监测和审计机制，采取实时、快速动态响应安全手段，应用多样性系统灾难备份恢复、关键系统冗余设计等方法，构造多层次、全方位和立体的区域网络安全环境，如图 1.4 所示。

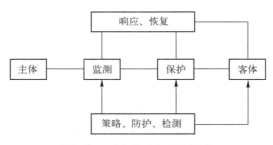

图 1.4　P^2DR^2 动态安全模型

一个良好的网络安全模型应在充分了解网络系统安全需求的基础上，通过安全模型表达安全体系架构，通常具备以下性质：精确、无歧义、简单和抽象，具有一般性，能够充分体现安全策略。

该理论认为，网络空间安全相关的所有活动，无论是攻击行为、防护行为还是检测行为和响应行为等都要消耗时间。因此，可以用时间来衡量一个体系的安全性和安全能力。

作为一个防护体系，当入侵者要发起攻击时，每一步都需要花费时间。攻击成功花费的时间就是安全体系提供的防护时间 Pt；在入侵发生的同时，检测系统也在发挥作用，检测到入侵行为也要花费时间——检测时间 Dt；在检测到入侵后，系统会做出应有的响应动作，这也要花费时间——响应时间 Rt。

P^2DR^2模型可以用一些典型的数学公式来表达安全的要求。

公式 1：Pt>Dt+Rt。

Pt 代表系统为了保护安全目标设置各种保护后的防护时间；或者理解为在这样的保护方式下，黑客（入侵者）攻击安全目标所花费的时间。Dt 代表从入侵者开始发动入侵开始，系统能够检测到入侵行为所花费的时间。Rt 代表从发现入侵行为开始，系统能够做出足够的响应，将系统调整到正常状态的时间。针对需要保护的安全目标，如果上述数学公式满足防护时间大于检测时间加上响应时间，就可以在入侵者危害安全目标之前检测出入侵行为并及时处理。

公式 2：Et=Dt+Rt，如果 Pt=0。

公式的前提是假设防护时间为 0。Dt 代表从入侵者破坏了安全目标系统开始，系统能够检测到破坏行为所花费的时间。Rt 代表从发现遭到破坏开始，系统能够做出足够的响应，将系统调整到正常状态的时间。比如，对网页服务器（Web Server）被破坏的页面进行恢复。那么，Dt 与 Rt 的和就是该安全目标系统的暴露时间 Et。针对需要保护的安全目标，Et 越小系统就越安全。

通过上面两个公式的描述，实际上对安全给出了一个全新的定义："及时的检测和响应就是安全""及时的检测和恢复就是安全"。而且，这样的定义为安全问题的解决指出了明确的方向：延长系统的防护时间 Pt，缩短检测时间 Dt 和响应时间 Rt。

1.3.2 网络空间安全体系结构

在考虑具体的网络空间安全体系结构时，把安全体系划分为一个多层面的结构，每个层面都是一个安全层次。根据信息系统的应用现状情况和网络的结构，可以把网络空安全问题定位在五个层次：物理层安全、网络层安全、系统层安全、应用层安全和管理层安全，图 1.5 所示为网络空间安全体系结构以及这些结构层次之间的关系，它和信息安全体系结构是一样的。

1. 物理层安全

该层次的安全包括通信线路的安全、物理设备的安全、机房的安全等。物理层的安全主要体现在通信线路的可靠性（线路备份、网管软件、传输介质），软硬件设备安全性（替换设备、拆卸设备、增加设备），设备的备份，防灾害能力、抗干扰能力，设备的运行环境（温度、湿度、烟尘），不间断电源保障等。

2. 网络层安全

该层次的安全问题主要体现在网络方面的安全性，包括网络层身份认证，网络资源的访问控制，数据传输的保密与完整性，远程接入的安全，域名系统的安全，路由系统的安全，入侵检测的手段，网络设施防病毒等。网络层常用的安全工具包括防火墙系统、入侵检测系统、VPN 系统、网络蜜罐等。

3. 系统层安全

该层次的安全问题来自网络内使用的操作系统的安全。主要表现在三方面，一是操作系统本身的缺陷带来的不安全因素，主要包括身份认证、访问控制、系统漏洞等；二是对操作系统的安全配置问题；三是病毒对操作系统的威胁。

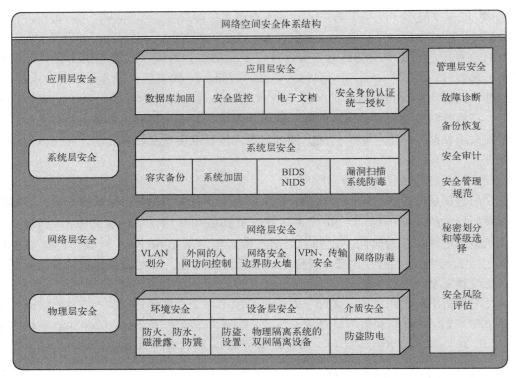

图 1.5　网络空间安全体系结构

4. 应用层安全

应用层的安全主要考虑的是所采用的应用软件和业务数据的安全性，包括数据库软件、Web 服务、电子邮件系统等。此外，还包括病毒对系统的威胁，因此要使用防病毒软件。

5. 管理层安全

俗话说"三分技术，七分管理"，管理层安全从某种意义上来说要比以上 4 个安全层次更重要。管理层安全包括安全技术和设备的管理、安全管理制度、部门与人员的组织规则等。管理的制度化程度极大地影响着整个网络的安全，严格的安全管理制度、明确的部门安全职责划分、合理的人员角色定义都可以在很大程度上降低其他层次的安全漏洞。

1.4　没有网络安全就没有国家安全

1.4.1　中国非常重视网络安全

网络空间安全的发展理念主要是从美国开始的。2003 年 2 月，美国政府发布了《保护网络空间安全国家战略》。2005 年 4 月，美国政府总统信息技术顾问委员会发布了《网络空间安全：优先考虑的危机》的报告。2006 年 4 月，美国国家科学技术委员会发布了网络空间安全和信息保障跨部门工作组提交的文件《联邦政府网络空间安全和信息保障研发计划》。这三份文件中提出了先进的网络空间安全的全新理念，对我国网络空间安全的治理具有借鉴意义。

从 1995 年国内市场上首次出现专配 x86 微机的防病毒卡至今天，我国信息安全建设已走过了二十多年的历程。回顾这个历程，可以清晰地看出我国网络空间安全建设发展的阶段性和不同阶段的特点。具体来说我国网络空间安全发展分为以下几个阶段。

1. 第一阶段：网络空间安全建设的启蒙期和发展期

我国信息安全建设开始于 20 世纪 90 年代后期，随着各行业网络信息化建设的发展，网络空间安全的理念也得到了广泛的认可。这一时期，为了抵御一般网络黑客和病毒的攻击，许多单位开始在自身网络上部署网闸、防火墙、入侵检测、虚拟专用网、防病毒等安全防护产品和设备。

这一时期，国内出现了一大批新兴的信息安全相关产品研发和生产企业，并创新性地自主开发出我国自己的内网安全管理、桌面安全管理和信息安全审计等安全产品与系统，弥补了我国网络安全管理的短板，推动了国内自主网络安全产品和系统的研发及产业化。经过 10 年的建设发展，我国的网络安全生产制造产业已初具规模，涌现出江民科技、瑞星、启明星辰、天融信、绿盟科技等网络安全龙头企业。

在此期间，公安部牵头组织了信息安全标准化委员会，开始了基于等级保护的网络安全技术标准的编撰工作。仅用三年时间，就编制出了二十多个网络安全设备的服务和技术标准与规范，为促进我国网络安全的建设奠定了良好的标准基础。

2. 第二阶段：网络空间安全建设中期和稳定期

从 2006 年开始，我国网络安全事业取得了长足的进步，呈现出欣欣向荣的景象。

中华人民共和国工业和信息化部（简称工信部）信息安全协调司提出了网络安全建设的目标（推进各行业等级保护定级及整改并重点开展工业控制系统信息安全防护工作）、政府职责（强化安全产品市场准入检测制度和组织专业机构对重要信息系统进行年度安全检查）以及网络安全技术开发的重点领域，对我国网络安全规划和建设提供了有力指导。与之配套，中华人民共和国国家发展和改革委员会高新司每年均拨出专款，组织扶持了一批有创新、有技术、有市场但缺少资金的中小民营网络安全企业，实质性地推动了一批技术含量高、市场紧缺并拥有自主知识产权的网络安全产品和系统的产业化进程。这一措施，既取得了良好的市场效益，也提高了我国网络安全设备国产化的比率。

2006 年，国家开始对恶意软件（俗称流氓软件）进行治理。21 世纪初，一些不良厂商为了追求自身利益，制造了许多恶意软件。特别是有些恶意软件，用户在不知情的情况下安装后，很难卸载，还不断会有广告弹出等恶意行为。为了有效治理恶意软件，中国互联网协会组织市场上多数主流互联网企业开展了行业自律行为，并对恶意软件给出了有效定义与界定。同时，中国互联网协会还邀请了律师和法院的相关代表参加讨论，以便日后出现恶意软件纠纷时，有法可依。自此以后，我国的恶意软件开始减少，这是一个非常典型的行业协会出面，对我国网络安全治理的成功案例。

2010 年 9 月，伊朗布什尔核电站遭到 Stuxnet 病毒攻击，导致核电设施推迟启用。这是现实世界的病毒第一次攻击物理的工业控制系统。这是一个非常重要的标志性事件，从此世界各国开始重视工业控制系统的安全。

3. 第三阶段：网络空间安全建设深化期

这一阶段开始的标志是：2013 年，国家成立中央网络安全和信息化领导小组。这表明国家对网络空间安全的重视程度上升到了一个新的高度。

2015 年 7 月，全国人大初次审议了《中华人民共和国网络安全法（草案）》。该法案也成为我国网络空间治理的指导性思想，对我国网络空间安全的建设发展提供了法律上的依据。

2016 年 4 月，中央网络安全和信息化领导小组举办了一个工作座谈会，对我国网络安全建设提出了四点重要要求：第一，树立网络安全观；第二，加快构建关键信息基础设施安全保障体系；第三，全天候、全方位感知网络安全态势；第四，增强网络安全防御能力和威慑能力。这四条也成为国家网络空间安全建设的目标和方向。

4. 第四阶段：国家网络空间安全战略阶段

2016 年 12 月 27 日，国家互联网信息办公室发布了《国家网络空间安全战略》（以下简称《战略》）。国家网信办发言人表示，《战略》贯彻落实了网络强国战略思想，阐明了中国关于网络空间发展和安全的重大立场和主张，明确了战略方针和主要任务，切实维护了国家在网络空间的主权、安全、发展利益，是指导国家网络安全工作的纲领性文件。可以说，这是我国网络空间安全主张全面、系统、深入实施的具体体现，是建成网络强国的战略步骤，必将推动我国网络空间安全发展进入崭新的阶段。从《网络安全法》获得通过到《国家网络空间安全战略》的发布，网络空间安全战略的提出反映了公众关切、国家发展和国际合作等广泛的基本需求。

1.4.2 网络空间安全教育在中国蓬勃发展

教育是立国之本。既然网络空间安全这么重要，那么全世界，包括我国在内一定会在网络空间安全教育方面加大投入。

2015 年 6 月，为实施国家安全战略，加快网络空间安全高层次人才培养，国务院学位委员会决定在"工学"门类下增设"网络空间安全"一级学科，学科代码为"0839"，授予"工学"学位。

一般而言，国务院学位委员会设置一个一级学科通常需要 10 年的周期。2010 年设置了一次一级学科，当时信息领域的信息安全、软件工程、智能科学与技术等都希望申请成为一级学科，但最终只有软件工程一个申请成了一级学科博士点。可见那个时候，对网络空间安全并没有特别重视。自从斯诺登事件后，国家逐渐重视起了网络空间安全。网络空间安全被设立为一级学科博士点。

2016 年，第一批高校申请网络空间安全一级学科博士点的条件是：只要同时拥有计算机一级、信息一级和数学一级（或情报学二级）博士点，就可以建立网络空间安全一级学科博士点。当年，国内就有 29 所高校申请成功了网络空间安全一级学科博士点，它们是：清华大学、北京交通大学、北京航空航天大学、北京理工大学、北京邮电大学、哈尔滨工业大学、上海交通大学、南京大学、东南大学、南京航空航天大学、南京理工大学、浙江大学、中国科学技术大学、山东大学、武汉大学、华中科技大学、中山大学、华南理工大学、四川大学、电子科技大学、西安交通大学、西北工业大学、西安电子科技大学、中国科学院大学、国防科学技术大学、解放军信息工程大学、陆军工程大学、解放军电子工程大学、空军工程大学。

思考题

1. 网络空间安全的定义是什么？
2. 简述我国网络空间安全发展的几个阶段。
3. 信息安全、网络安全、网络空间安全、网络层安全的区别与联系是什么？
4. 简述网络空间安全的 P^2DR^2 动态安全模型。
5. 简述网络空间安全的层次结构。

第 2 章　密码学简介

密码学是信息安全的基础，几乎所有的信息安全技术都会用到密码学。由于本书重点讲的是网络安全，所以关于密码学的知识，这里只是简要介绍一下。

2.1　对称密码学

对称密码学的核心是对称加密算法。对称加密算法是应用较早的加密算法，技术成熟。在对称加密算法中，数据发送方将明文（原始数据）和加密密钥一起经过特殊加密算法处理后，使其变成复杂的加密密文发送出去。接收方收到密文后，若想解读原文，则需要使用加密过程中用过的密钥及相同算法的逆算法对密文进行解密，才能使其恢复成可读明文。在对称加密算法中，使用的密钥只有一个，发、收双方都使用这个密钥对数据进行加密和解密，这就要求解密方事先必须知道加密密钥。

2.1.1　对称加密算法的原理与特点

对称加密（也叫私钥加密）指加密和解密使用相同密钥的加密算法。有时又叫传统密码算法，就是加密密钥能够从解密密钥中推算出来。同时，解密密钥也可以从加密密钥中推算出来。而在大多数对称算法中，加密密钥和解密密钥是相同的，所以也称这种加密算法为秘密密钥算法或单密钥算法。它要求发送方和接收方在安全通信之前，商定一个密钥。对称算法的安全性依赖于密钥，泄露密钥就意味着任何人都可以对他们发送或接收的消息进行解密，所以密钥的保密性对通信的安全性至关重要。对称加密原理如图 2.1 所示。

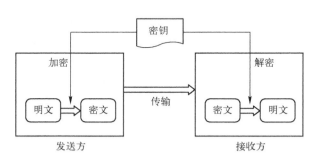

图 2.1　对称加密原理

对称加密算法的特点是算法公开、计算量小、加密速度快、加密效率高。对称加密算法的不足之处是，通信双方都使用同样的钥匙，因此密钥交换或者说密钥管理比较困难，安全性很难得到保证。此外，每对用户每次使用对称加密算法时，都需要使用其他人不知道的唯一密钥，这会使得发、收信双方所拥有的密钥数量呈几何级数增长，密钥管理成为用户的负担。对称加密算法的加解密过程示意图如图 2.2 所示。

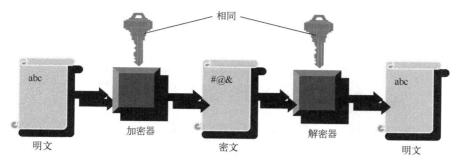

图 2.2　对称加密算法的加解密过程示意图

对称加密算法在分布式网络系统上使用较为困难，主要是因为密钥管理困难，使用成本较高。而与公开密钥加密算法相比，对称加密算法虽然能够提供加密和认证，但由于缺乏签名功能，使得使用范围有所缩小。

2.1.2　对称加密算法举例

典型的对称加密算法包括 DES 算法、3DES 算法、TDEA 算法、Blowfish 算法、RC5 算法、IDEA 算法、AES 加密算法等。下面以 DES 算法为例，简要介绍对称加密算法。

DES 算法（见图 2.3）又称为美国数据加密标准，是 1972 年由美国 IBM 公司研制的对称密码体制加密算法。明文按 64 位进行分组，密钥长 64 位，密钥事实上是 56 位参与 DES 运算（第 8、16、24、32、40、48、56、64 位是校验位，使得每个密钥都有奇数个 1），分组后的明文组和 56 位的密钥按位替代或交换的方法形成密文组的加密方法。

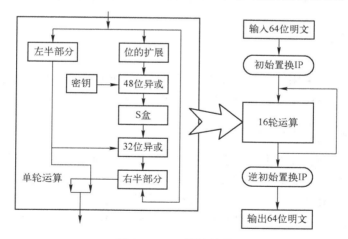

图 2.3　DES 算法结构

DES 算法入口参数有三个：key、data、mode。key 为加密和解密使用的密钥，data 为加密和解密的数据，mode 为其工作模式。当模式为加密模式时，明文按照 64 位进行分组，形成明文组，key 用于对数据加密；当模式为解密模式时，key 用于对数据解密。实际运用中，密钥只用到了 64 位中的 56 位，这样才具有很高的安全性。

DES 算法把 64 位的明文输入块变为 64 位的密文输出块（分为 L_0 和 R_0 两部分），它所使用的密钥（用 K_n 表示）也是 64 位，整个 DES 算法的主流程图如图 2.4 所示。

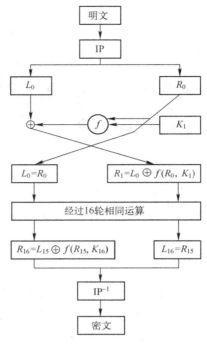

图 2.4　DES 算法的主流程图

由上面的原理和流程可以看出，对称加密算法的核心是位置的代换和字母的替换。感兴趣的读者可以自己编写 DES 算法。网上也有一些免费代码可以参考。

2.2　公钥密码学

在密码学中，公开密钥密码学，简称公钥密码学，又称非对称密码学，是使用一对公钥和私钥的密码学，与只用一个秘密密钥的密码学相对应。

2.2.1　公钥加密算法原理与特点

在公钥密码出现前，几乎所有的密码体制都是基于替换和置换这些初等方法。轮转机和 DES 是密码学发展的重要标志，但还是基于替换和置换。公钥密码学与其之前的密码学完全不同。首先，公钥算法是基于数学函数而不是基于替换和置换，更重要的是公钥密码是非对称的，它使用两个独立的密钥。使用两个密钥在消息的保密性、密钥分配和认证领域有着重要的意义。

1. 公钥加密算法的原理

用抽象的观点来看，公钥密码就是一种陷门单向函数（trapdoor one-way function）。在公钥密码中，加密密钥和解密密钥是不一样的，加密密钥为公钥，解密密钥为私钥。在公钥密码机制之中，破译已经加密后的密码应该是一个难解问题。一个问题是难解的，直观上讲，就是不存在一个计算该问题的有效算法，也可称之为按照目前的计算能力，无法在一个相对的短时间内完成，即解决这个问题所付出的成本远远超过了解决之后得到的结果。计算一个难解的问题所需要的时间一般是以输入数据长度的指数函数形式递增的，所以随着输入数据的增多，复杂度会急剧增大。对于一个问题，如果存在一个求其解的有效算法，则称其为有效问题，否则称为无效问题。

公钥密码的理论基础是陷门单向函数：设 f 是一个函数，如果对于任意给定的 x，计算 $y=f(x)$ 是容易的，但对于任意给定的 y，计算 $f(x)=y$ 是难解的，则称 f 是一个单向函数。

另外，设 f 是一个函数，t 是与 f 有关的一个参数，对任意给定的 x，计算 y 使得 $y=f(x)$ 是容易的。如果当不知道参数 t 时，计算 f 的逆函数是难解的，但当知道参数 t 时，计算 f 的逆函数是容易的，则称 f 是一个陷门单向函数，参数 t 称为陷门。

在公钥密钥中，加密变换是一个陷门单向函数，只有带陷门的人可以容易地进行解密变换，而不知道陷门的人则无法有效地进行解密变换。

2. 公钥加密算法的特点

传统对称密码存在的主要问题有两个：一个是密钥分配问题（加密之后，如何把密钥告诉对方才是安全的？）；另一个是数字签名问题，否则会出现抵赖和伪造。公钥加密算法正好可以进行秘钥交换和数字签名。

通常对公钥密码有两种误解。

（1）认为公钥密码比传统密码更加安全。事实上，任何加密方法都依赖于密钥的长度和破译密文所需要的计算量，所以公钥密码并不比传统密码更加安全。

（2）认为公钥密码是一种通用密码，传统密码已经过时了。其实正相反，由于现在公钥密码的计算量大，所以取消传统密码似乎不太可能，公钥密码的发明者也认为"公钥密码学仅用在密钥管理和签名这类应用上"。

2.2.2 公钥加密算法举例

常见的公钥加密算法包括 RSA、ElGamal、背包算法、Rabin（Rabin 加密法是 RSA 方法的特例）、Diffie – Hellman（D – H）密钥交换协议中的公钥加密算法、Elliptic Curve Cryptography（ECC，椭圆曲线加密算法）等。

当前最著名、应用最广泛的公钥系统 RSA 是在 1978 年由美国麻省理工学院的 Rivest、Shamir 和 Adleman 提出的。RSA 正是这三个人名的首字母。RSA 是一个基于数论的非对称密码体制，是一种分组密码体制。RSA 算法是第一个既能用于数据加密也能用于数字签名的算法。

RSA 使用一个公钥（public key）和一个私钥（private key）。公钥加密，私钥解密，密钥长度从 40 bit 到 2048 bit 可变，加密时也把明文分成块，块的大小可变，但不能超过密钥的长度。RSA 算法把每一块明文转化为与密钥长度相同的密文块。密钥越长，加密效果越好，但加密和解密的开销也大，所以要在安全与性能之间折中考虑，一般 64 位是较合适的。RSA 的一个比较知名的应用是 SSL⊖，在美国和加拿大，SSL 用 128 位 RSA 算法，由于出口限制，在其他地区（包括中国）通用的则是 40 位版本。

RSA 的安全性基本大于大整数的因子分解，其基础是数论中的欧拉定理。因子分解可以破解 RSA 密码系统，但是目前尚无人证明 RSA 的解密一定需要分解因子。

⊖ 安全套接字层（Secure Socket Layer，SSL），一个由网景（Netscape）公司开发的用于在因特网上传输保密文档的协议。它使用具有公开和私有两个密钥的非对称加密系统，是传输层安全协议 TLS 的前身。

RSA 密钥生成过程如下。

（1）选择一对不同的、足够大的素数 p、q。

（2）计算 $n = pq$。

（3）计算 $f(n) = (p-1)(q-1)$，同时对 p、q 严格保密，不让任何人知道。

（4）找一个与 $f(n)$ 互质的数 e，且 $1 < e < f(n)$。

（5）计算 d，使得 $de \equiv 1 \bmod f(n)$。这个公式也可以表达为 $d \equiv e^{-1} \bmod f(n)$。

（6）公钥 $PU = (e,n)$，私钥 $PR = (d,n)$。

（7）加密时，先将明文变换成 0 至 $n-1$ 的一个整数 M。若明文较长，可先分割成适当的组，然后再进行交换。设密文为 C，则加密过程为 $C = M^e (\bmod\ n)$。

（8）解密过程为 $M = C^d (\bmod\ n)$。

在 RSA 密码应用中，公钥 PU 是公开的，即 e 和 n 的数值可以被第三方窃听者得到。破解 RSA 密码的问题就是从已知的 e 和 n 的数值，求出 d 的数值，这样就可以得到私钥来破解密文。密码破解的实质问题是：只要求出 p 和 q 的值，就能求出 d 的值，从而得到私钥。

一个 RSA 算法加密和解密的例子如下。

加密生成密文：

比如甲向乙发送汉字"中"，就要使用乙的公钥来加密汉字"中"，以 UTF-8 方式编码为［e4 b8 ad］，转为十进制为［228，184，173］。要想使用公钥 $(n,e) = (4757,101)$ 加密，要求被加密的数字必须小于 n，被加密的数字必须是整数，字符串可以取 ASCII 值或 Unicode 值，因此将"中"字拆为三个字节［228，184，173］，分别对三个字节加密。

假设 a 为明文，b 为密文，则按下列公式计算出 b

$$a^e \bmod n = b$$

计算［228，184，173］的密文：

$$228^{101} \bmod 4757 = 4296$$
$$184^{101} \bmod 4757 = 2458$$
$$173^{101} \bmod 4757 = 3263$$

即［228，184，173］加密后得到密文［4296，2458，3263］，如果没有私钥 d，很难从［4296，2458，3263］中恢复［228，184，173］。

解密得到密文：

乙收到密文［4296，2458，3263］，并用自己的私钥 $(n,d) = (4757,1601)$ 解密。解密公式如下：

$$a^d \bmod n = b$$

密文［4296，2458，3263］的明文如下：

$$4296^{1601} \bmod 4757 = 228$$
$$2458^{1601} \bmod 4757 = 184$$
$$3263^{1601} \bmod 4757 = 173$$

即密文［4296，2458，3263］解密后得到［228，184，173］，将［228，184，173］再按 UTF-8 解码为汉字"中"，至此解密完毕。

2.3 哈希函数

哈希（Hash）算法（也称散列算法）的特别之处在于它是一种单向算法，用户可以通过 Hash 算法对目标信息生成一段特定长度的、唯一的 Hash 值，却不能通过这个 Hash 值重新获得目标信息。因此，Hash 算法常用于不可还原的密码存储、信息完整性校验等。常见的 Hash 算法有 MD2、MD4、MD5、HAVAL、SHA。MD5 和 SHA-1 是最常见的 Hash 算法。MD5 是由国际著名密码学家、麻省理工学院的 Ronald Rivest 教授于 1991 年设计的；而 SHA-1 有美国国家安全局的背景。

2.3.1 MD5 哈希算法

MD5 是计算机安全领域曾经广泛使用的一种哈希函数，为消息的完整性提供保护。对 MD5 加密算法的简要叙述是：MD5 以 512 位分组来处理输入的信息，且每一分组又被划分为 16 个 32 位的子分组，经过了一系列的处理后，算法的输出由四个 32 位分组组成，将这四个 32 位分组级联后将生成一个 128 位 Hash 值。

MD5 广泛用于各种软件的密码认证和密钥识别。MD5 用的是哈希函数，它的典型应用是对一段消息（message）产生指纹（fingerprint），以防止"篡改"。如果再有一个第三方的认证机构，用 MD5 还可以防止文件作者的"抵赖"，这就是所谓的数字签名应用。MD5 还广泛用于操作系统的登录认证，如 UNIX、各类 BSD 系统登录密码。

MD5 哈希算法的总体流程如图 2.5 所示，表示第 i 个分组，每次运算都是由前一轮的 128 位结果值和第 i 块 512 位上的值进行运算。

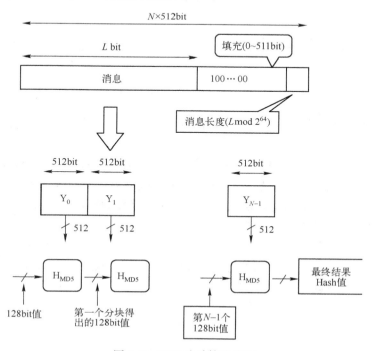

图 2.5　MD5 哈希算法流程

2.3.2 SHA1 哈希算法

SHA1 是和 MD5 一样流行的消息摘要算法。SHA⊖加密算法模仿 MD4 加密算法。SHA1 设计为和数字签名算法 DSA 一起使用。

SHA1 主要适用于数字签名标准里面定义的数字签名算法。对于长度小于 2^{64} 位的消息，SHA1 会产生一个 160 位的消息摘要。当接收到消息的时候，这个消息摘要可以用来验证数据的完整性。在传输的过程中，数据很可能会发生变化，那么这时候就会产生不同的消息摘要。SHA1 无法从消息摘要中复原信息，而两个不同的消息不会产生同样的消息摘要。这样，SHA1 就可以验证数据的完整性。所以，SHA1 是为了保证文件完整性而提出的技术。

SHA1 对于每个明文分组的摘要生成过程如下。

（1）将 512 位的明文分组划分为 16 个子明文分组，每个子明文分组为 32 位。

（2）申请 5 个 32 位的链接变量，记为 A、B、C、D、E。

（3）16 份子明文分组扩展为 80 份。

（4）80 份子明文分组进行 4 轮运算。

（5）链接变量与初始链接变量进行求和运算。

（6）链接变量作为下一个明文分组的输入重复进行以上操作。

（7）最后，5 个链接变量里面的数据就是 SHA1 摘要。

图 2.6 为 SHA1 哈希算法流程图。

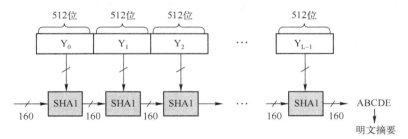

图 2.6　SHA1 哈希算法流程

SHA1 哈希算法可以采用不超过 264 位的数据输入，并产生一个 160 位的摘要。输入被划分为 512 位的块，并单独处理。160 位缓冲器用来保存哈希函数的中间和最后结果。缓冲器可以由 5 个 32 位的寄存器（A、B、C、D 和 E）来表示。SHA1 是一种比 MD5 更安全的算法，理论上，凡是采取"消息摘要"方式的数字验证算法都是会存在"碰撞"的——也就是两个不同的消息算出的消息摘要相同。但是安全性高的算法要找到指定数据的"碰撞"很困难，而利用公式来计算"碰撞"就更困难。

SHA1 与 MD5 的差异主要在于：SHA1 对任意长度明文的预处理和 MD5 的过程是一样的，即预处理完后的明文长度是 512 位的整数倍，但是有一点不同，那就是 SHA1 的原始报文长度不能超过 2^{64}，然后 SHA1 才能生成 160 位的报文摘要。SHA1 算法简单而且紧凑，容易在计算机上实现。SHA1 与 MD5 的比较如表 2-1 所示。

表 2-1　SHA1 与 MD5 的比较

差　　异	MD5	SHA1
摘要长度	128 位	160 位
运算步骤数	64	80
基本逻辑函数数目	4	4
常数数目	64	4

在安全性方面，SHA1 所产生的摘要比 MD5 长 32 位。若两种哈希函数在结构上没有任何问题的话，SHA1 比 MD5 更安全。

在速度方面，两种方法都是主要考虑以 32 位处理器为基础的系统结构。但 SHA1 的运算步骤比 MD5 多了 16 步，而且 SHA1 记录单元的长度也比 MD5 多了 32 位。因此，若是以硬件来实现 SHA1，其速度大约比 MD5 慢了 25%。

在简易性方面，两种方法都相当简单，在实现上不需要很复杂的程序或是大量存储空间。然而总体上来讲，SHA1 对每一步骤的操作描述还是要比 MD5 简单。

2.4　密码学展望

加密算法是密码技术的核心。本章讲述的这些加密算法是常用的加密算法，而这些算法有些已经遭到破译，有些安全度不高，有些强度不明，有些待进一步分析，有些需要深入研究。在神秘的加密算法世界里，当有算法被证明是不安全时，又会有新的加密算法成员加入。期待更安全的算法的诞生。

除了以上加密方法外，现在还有量子密码、DNA 密码、基于格的密码、基于辫群的密码以及同态加密算法等。它们各有特点，有兴趣的读者可以自己找资料学习。

思考题

1. 相对于公钥加密算法，对称加密算法有什么优缺点？
2. SHA1 与 MD5 相比有什么相同和不同之处？
3. 如何在消息传送过程中将对称加密算法、公钥加密算法和哈希算法联合起来使用？

第3章　黑客攻击原理与技术

本章主要讲述黑客攻击原理与技术，内容包括黑客概述、黑客攻击的一般流程、各种常用的攻击方式等。重点是对一些攻击方式的介绍以及这些攻击的防护方法。

3.1　黑客概述

本小节主要是介绍黑客的概念，典型的黑客举例，以及常用的黑客术语。目的是全面并概要了解黑客。

3.1.1　黑客的概念

"黑客"一词是英语 Hacker 的音译，是指拥有高深的计算机及网络知识，能够躲过系统安全控制，进入或破坏计算机系统或网络的非法用户。

黑客最早始于 20 世纪 50 年代，起初，他们都是一些高级的技术人员，热衷于挑战计算机领域内的困难，崇尚自由，并主张信息的共享。他们对计算机有着狂热的兴趣和执着的精神，不断地研究计算机和网络知识，发现计算机和网络中存在的漏洞或弱点，喜欢挑战高难度的网络系统并从中找到漏洞，然后向管理员提出修补漏洞的方法。客观地讲，他们的出现推动了计算机和网络的发展与完善。但是今天，黑客一词已经成为那些专门利用计算机进行恶意破坏或违法犯罪的代名词，对这些人还有一种叫法是 Cracker，也有人翻译成"骇客"。

黑客通常有黑客技术。简单地说，黑客技术是对计算机系统和网络的缺陷和漏洞的发现，以及针对这些缺陷实施攻击的技术。这里说的缺陷，包括软件缺陷、硬件缺陷、网络协议缺陷、管理缺陷和人为的失误。

现在的黑客攻击方式发展非常迅速，如图 3.1 所示为攻击发展的历程。最早从 20 世纪

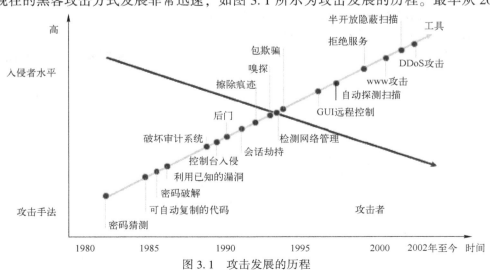

图 3.1　攻击发展的历程

80 年代开始，是以猜测密码为主，到现在已经发展成大规模的分布式拒绝服务攻击、蠕虫攻击、勒索攻击等，各种攻击层出不穷。

3.1.2　典型的黑客举例

1988 年 11 月 2 日，还在康奈尔大学读研究生的罗伯特·塔潘·莫里斯（图 3.2）制造出了历史上首个通过互联网传播的蠕虫病毒："莫里斯"（Morris）蠕虫。这是最早在互联网上传播的蠕虫病毒之一，这个蠕虫病毒对当时的互联网几乎构成了一次毁灭性攻击：约有6000 台计算机遭到破坏，造成 1500 万美元的损失。

图 3.2　罗伯特·塔潘·莫里斯

莫里斯当时的目的仅仅是探究互联网有多大。然而，"莫里斯"蠕虫却以无法控制的方式自我复制，造成很多计算机死机。正因为如此，他成为首位依据 1986 年美国《计算机欺诈和滥用法》被起诉的人。他最后被判处 3 年缓刑、400 小时社区服务和 1.05 万美元罚款。他后来还与人合伙创办了一家为网上商店开发软件的公司，并在三年后将这家公司以 4800万美元的价格卖给雅虎，更名为"Yahoo! Store"。莫里斯后来成为麻省理工学院计算机科学与人工智能实验室的终身教授，主攻方向是计算机网络架构。

3.1.3　常用的黑客术语

在黑客的世界里，常常会用到一些专用术语，这里概括讲解一下。有些内容在后面的章节当中还要详细描述。

1. 肉鸡

所谓"肉鸡"是一种很形象的比喻。它比喻那些可以随意被攻击者控制的计算机。受害者可以是 Windows 操作系统，也可以是 UNIX/Linux 操作系统，可以是普通的个人计算机，也可以是大型的服务器，攻击者可以像操作自己的计算机那样来操作它们，而不被受害者所发觉。

2. 木马

木马就是那些表面上正常，但是一旦运行，就会获取系统整个控制权限的伪装程序。有很多黑客就是热衷于使用木马程序来控制别人的。著名的木马有"冰河""灰鸽子""黑洞"等。

3. 网页木马

网页木马表面上伪装成普通的网页文件或是将自己的代码直接插入到正常的网页文件中。当有人访问该网页时，网页木马就会利用对方系统或者浏览器的漏洞自动将配置好的木马的服务端下载到访问者的计算机上来自动执行。

4. 挂马

挂马就是在别人的网站文件里面放入网页木马或者是将代码潜入到对方正常的网页文件里，以使浏览者感染木马。

5. 后门

后门（Backdoor）是一种形象的比喻，入侵者在利用某些方法成功地控制了目标主机后，可以在对方的系统中植入特定的程序，或者是修改某些设置。这些改动表面上是很难被察觉的，但是入侵者却可以使用相应的程序或者方法来轻易地与这台计算机建立连接，重新控制这台计算机。这就好像是入侵者偷偷地配了一把主人房间的钥匙，可以随时进出而不被主人发现一样。通常大多数木马程序都可以被入侵者用于制作后门。

6. Rootkit

Rootkit 是攻击者用来隐藏自己的行踪和保留 root（根权限，可以理解成 Windows 下的 system 或者管理员权限）访问权限的工具。通常，攻击者通过远程攻击的方式获得 root 访问权限，或者是先使用密码猜解（破解）的方式获得对系统的普通访问权限，等进入系统后，再通过对方系统内存在的安全漏洞获得系统的 root 权限。然后，攻击者就会在对方的系统中安装 Rootkit，以达到长久控制对方的目的，Rootkit 与木马和后门类似，但远比它们要隐蔽，"黑客守卫者"就是很典型的 Rootkit。

7. IPC$

IPC$ 是共享"命名管道"的资源，它是为了进程间通信而开放的命名管道，可以通过验证用户名和密码获得相应的权限，在远程管理计算机和查看计算机的共享资源时使用。如图 3.3 所示，在 DOS 状态下输入"net share"命令后，可以看到 IPC$。

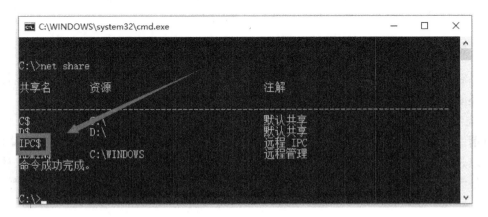

图 3.3　IPC$

8. 弱口令

弱口令指那些强度不够,容易被猜解的,类似"123""abc""名字+123"这样的口令(密码)。

9. 默认共享

默认共享是 Windows 系统开启共享服务时自动开启所有硬盘的共享,因为加了"$"符号,所以看不到共享的托手图标,也称为隐藏共享。图 3.4 所示为默认硬盘共享。

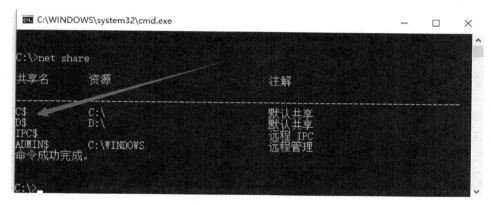

图 3.4　默认硬盘共享

10. shell

指的是一种命令执行环境,比如我们按下键盘上的〈Win+R〉组合键时出现"运行"对话框,在里面输入"cmd"会出现一个用于执行命令的窗口,这就是 Windows 的 shell 执行环境。通常,我们使用远程溢出程序成功溢出远程计算机后所得到的那个用于执行系统命令的环境就是对方的 shell。

11. WebShell

WebShell 就是以 asp、php、jsp 或者 cgi 等网页文件形式存在的一种命令执行环境,也可以将其称作一种网页后门。黑客在入侵了一个网站后,通常会将这些 asp 或 php 后门文件与网站服务器 WEB 目录下正常的网页文件混在一起,然后就可以使用浏览器来访问这些asp 或者 php 后门,得到一个命令执行环境,以达到控制网站服务器的目的。可以上传下载文件、查看数据库、执行任意程序命令等。国内常见的 WebShell 有"海阳 ASP 木马""Phpspy""c99shell"等。

12. 溢出

溢出指的是"缓冲区溢出"。简单的解释就是程序对接受的输入数据没有执行有效的检测而导致错误,后果可能是造成程序崩溃或者是执行攻击者的命令。大致可以分为堆溢出和栈溢出两类。

13. 注入

随着 B/S 模式应用开发的发展,使用这种模式编写程序的程序员越来越多,但是由于程序员的水平参差不齐,有相当一部分应用程序存在安全隐患。用户可以提交一段数据库查询代码,根据程序返回的结果,获得某些他想要知道的数据,这个就是所谓的 SQL 注入(SQL injection,详见 3.3.5 节)。

14. 注入点

注入点就是可以实行注入的地方，通常是一个访问数据库的连接。根据注入点数据库的运行账号的权限不同，所得到的权限也不同。

15. 内网

内网通俗地讲就是局域网，比如网吧、校园网、公司内部网等都属于此类。通常，IP地址如果是在以下三个范围之内的话，就说明是处于内网之中的：10.0.0.0 ~ 10.255.255.255，172.16.0.0 ~ 172.31.255.255，192.168.0.0 ~ 192.168.255.255。

16. 外网

外网直接连入Internet（互联网），可以与互联网上的任意一台计算机互相访问，IP地址不是保留IP（内网）IP地址。

17. 端口

端口（Port）相当于一种数据的传输通道。用于接受某些数据，然后传输给相应的服务，而计算机将这些数据处理后，再将相应的回复通过开启的端口传给对方。一般，每一个端口的开放都对应了相应的服务，要关闭这些端口只需要将对应的服务关闭就可以了。如图3.5所示，在DOS状态下使用"netstat -ano"命令，可以看到计算机开放的端口。

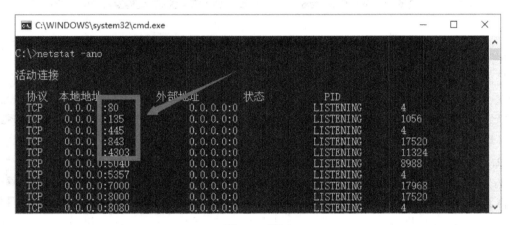

图3.5　端口

18. 3389肉鸡、4899肉鸡

3389是Windows终端服务（Terminal Services）默认使用的端口号，该服务是微软为了方便网络管理员远程管理及维护服务器而推出的，网络管理员可以使用远程桌面连接到网络上任意一台开启了终端服务的计算机上，成功登录后就会像操作自己的计算机一样来操作主机了。这和远程控制软件甚至木马程序实现的功能很相似，终端服务的连接非常稳定，而且任何杀毒软件都不会查杀，所以也深受黑客喜爱。黑客在入侵了一台主机后，通常都会想办法先添加一个属于自己的后门账号，然后再开启对方的终端服务，这样，自己就可以随时使用终端服务来控制对方了。这样的主机，通常叫作"3389肉鸡"。

Radmin是一款非常优秀的远程控制软件，4899就是Radmin的默认端口号，因此也经常被黑客当作木马来使用（正是这个原因，目前的杀毒软件也对Radmin进行查杀）。因为Radmin的控制功能非常强大，传输速度也比大多数木马快，而且Radmin管理远程计算机时使用的是空口令或弱口令，所以黑客就可以使用一些软件来扫描网络上存在 Radmin 空口令或者弱口令的主机，然后就可以登录上去远程控制对方，这样被控制的主机通常被称作"4899 肉鸡"。

19. 免杀

免杀就是通过加壳、加密、修改特征码、加花指令等技术来修改程序，使其逃过杀毒软件的查杀。

20. 加壳

就是利用特殊的算法，将 EXE（可执行程序）或者 DLL（动态连接库文件）的编码进行改变（比如压缩、加密），以达到缩小文件体积或者加密程序编码，甚至是躲过杀毒软件查杀的目的。较常用的壳有 UPX、ASPack、PePack、PECompact、UPack、免疫 007、木马彩衣，等等。

21. 花指令

花指令就是几句汇编指令，让汇编语句进行一些跳转，使得杀毒软件不能正常判断出病毒文件的构造。说通俗点就是"杀毒软件是按从头到脚的顺序来查找病毒的，如果我们把病毒的头和脚颠倒位置，杀毒软件就找不到病毒了"。

以上是常用的 21 个黑客术语，了解了这些术语以后，再看到介绍黑客的资料时就不会迷茫了。

3.2 攻击的一般流程

网络上的各种攻击行为威胁着许多国家基础设施。如图 3.6 所示的广播、工业、金融、医疗、交通、电力、通信、控制等信息系统都或多或少受到过网络上的攻击。

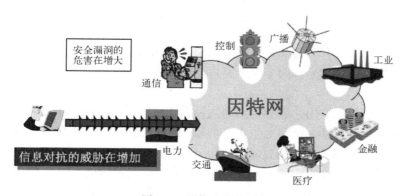

图 3.6 网络攻击的对象

网络攻击在进行的时候，都是有步骤的。典型的攻击步骤如图 3.7 所示。

第 1 步：预攻击探测

这一阶段主要是为实施攻击而提前进行的探测活动，为后续攻击打下基础。这一阶段收集的信息包括网络信息（域名、IP 地址、网络拓扑）、系统信息（操作系统版本、开放的各种网络服务版本）、用户信息（用户标识、组标识、共享资源、即时通信软件账号、邮件账号）等。如图 3.8 所示为攻击者想要获取的信息。

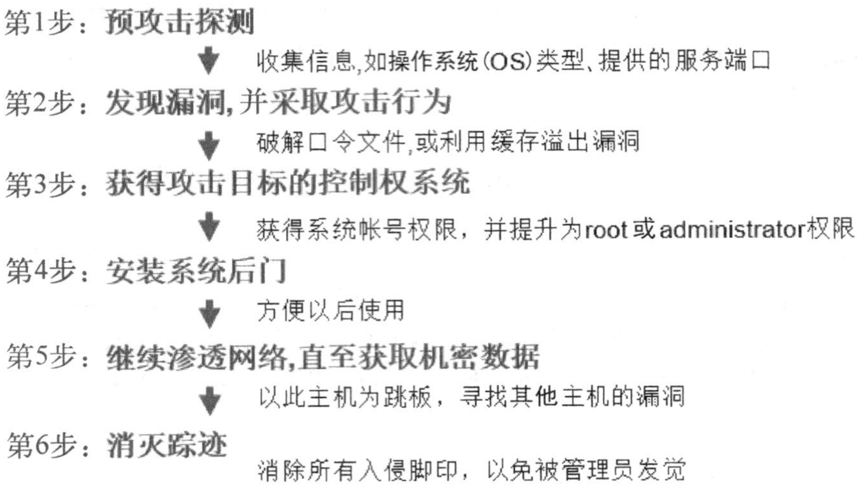

第1步：**预攻击探测**

⬇ 收集信息,如操作系统(OS)类型、提供的服务端口

第2步：**发现漏洞,并采取攻击行为**

⬇ 破解口令文件,或利用缓存溢出漏洞

第3步：**获得攻击目标的控制权系统**

⬇ 获得系统帐号权限,并提升为root或administrator权限

第4步：**安装系统后门**

⬇ 方便以后使用

第5步：**继续渗透网络,直至获取机密数据**

⬇ 以此主机为跳板,寻找其他主机的漏洞

第6步：**消灭踪迹**

消除所有入侵脚印,以免被管理员发觉

图 3.7 典型的攻击步骤

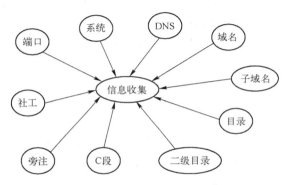

图 3.8 预攻击探测要获取的信息

攻击者可以使用下面几种方法或工具来收集这些信息:

（1）SNMP 协议。用它来查阅非安全路由器的路由表,从而了解目标机构网络拓扑的内部细节。

（2）TraceRoute 程序。用它能够得出到达目标主机所要经过的网络数和路由器数。

（3）Whois 协议。它是一种信息服务,能够提供有关所有 DNS 域和负责各个域的系统管理员数据。不过这些数据常常是过时的。

（4）DNS 服务器。它查看访问主机的 IP 地址表和它们对应的主机名。

（5）Finger 协议。它能够提供特定主机上用户们的详细信息（注册名、电话号码、最后一次注册的时间等）。

（6）Ping 程序。可以用它来确定一个指定的主机的位置并确定其是否可达。把这个简单的工具用在扫描程序中,就可以 Ping 网络上每个可能的主机地址,从而构造出实际驻留在网络上的主机的清单。

第 2 步：发现漏洞,并采取攻击行为

这一步先要通过扫描工具对目标主机或网络进行扫描,扫描的主要目的如下。

（1）发现存活主机、IP 地址,以及存活主机开放的端口。

（2）发现主机操作系统类型和系统结构。

（3）发现主机开启的服务类型。

（4）发现主机存在的漏洞。

常用的几种公开的扫描工具，如 ISS（Internet Security Scanner）和 SATAN（Security A-nalysis Tool for Auditing Networks），可以对整个域或子网进行扫描并寻找安全漏洞。这些程序能够针对不同系统的脆弱性确定其弱点。入侵者利用扫描收集到的信息来获得对目标系统的非法访问权。如图 3.9 所示为攻击者扫描网络的示意图。

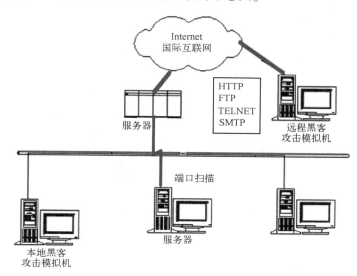

图 3.9　攻击者扫描网络的示意图

扫描到目标主机的信息之后，就要发起攻击了。典型的攻击行为将在下一小节介绍。

第 3 步：获得攻击目标的控制权系统

这一时期的主要目标是获得系统账号权限，并提升为 root 或 administrator 权限。攻击者拥有这一权限后，可以对操作系统进行任意操作。

root 权限是 UNIX/Linux 系统权限的一种，也叫根权限。它可以与 Windows 系统里的 system 权限理解成一个概念，但高于 Administrator 权限。root 是 Linux 和 UNIX 系统中的超级管理员用户，该用户拥有整个系统至高无上的权力，所有对象它都可以操作。获得 root 权限之后就意味着已经获得了系统的最高权限，这时候就可以对系统中的任何文件（包括系统文件）执行所有增、删、改、查的操作。

第 4 步：安装系统后门

后门程序一般是指那些绕过安全性控制而获取对程序或系统访问权的程序方法。在软件的开发阶段，程序员常常会在软件内创建后门程序以便可以修改程序设计中的缺陷。但是，如果这些后门被其他人知道，或是在发布软件之前没有删除后门程序，那么它就成为安全风险，容易被黑客当成漏洞进行攻击。后门是一种登录系统的方法，它不仅绕过系统已有的安全设置，而且还能挫败系统上各种增强的安全设置。在命名中，后门一般带有 backdoor 字样。

第 5 步：继续渗透网络，直至获取机密数据

以攻击成功的主机为跳板，攻击其他主机，直到找到攻击者想要的东西。

第 6 步：消除踪迹

消除所有攻击痕迹，以防止被计算机管理员发现。这里最常用的方法就是把日志文件全部清除。例如，在 Windows 系统里可以进入"控制面板"的"事件查看器"，选择"清除日志…"，把日志信息全部清除，如图 3.10 所示。

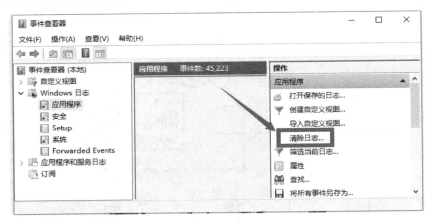

图 3.10　清除日志信息

3.3　典型的攻击方法

现在网上的攻击方法多种多样，如图 3.11 所示为计算机病毒、木马、蠕虫等各种攻击。本节介绍一些典型的攻击方法。

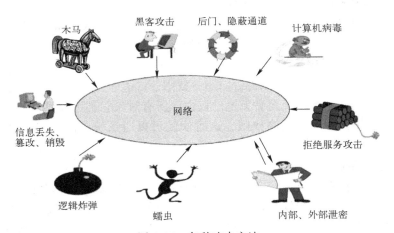

图 3.11　各种攻击方法

3.3.1　口令攻击

口令是网络信息系统的第一道防线。当前的网络信息系统大多都是通过口令来验证用户身份、实施访问控制的。当然，也有类似于现在手机上的短信认证、图形认证等功能，但是毕竟这些都是少数，大部分还是用口令认证的。如图 3.12 所示为登录 QQ 软件时，软件提示用户输入口令的截图。

图 3.12　QQ 软件输入口令

口令攻击是指黑客以口令为攻击目标，破解合法用户的口令，或避开口令验证过程，然后冒充合法用户潜入目标网络系统，夺取目标系统控制权的过程。如果口令攻击成功，黑客进入了目标网络系统，便能随心所欲地窃取、破坏和篡改被侵入方的信息，直至完全控制被侵入方。所以，口令攻击是黑客实施网络攻击的最基本、最重要、最有效的方法之一。口令攻击的主要方法如下。

1. 社会工程学（Social Engineering）攻击

社会工程学攻击即通过人际交往这一非技术手段以欺骗、套取的方式来获得口令。例如，有人在国外建了一个冒充国内某家银行的网站，如图 3.13 所示。这个网站上的所有界面都和该银行真正的网站是一样的（黑客通过抓取真正银行网站网页的方式获取）。然后通过短信、邮件等各种方式让用户输入用户名和密码。这样攻击者就可以在这个假网站后台获取用户的用户名和密码了。

图 3.13　伪造的银行登录界面

避免此类攻击的对策是加强用户意识。例如，登录中国建设银行时，我们要看清楚它的网站是"www.ccb.com"。但是有些攻击者往往会做一个假网站，并把网站名改为一个很相近的名称，如"www.cccb.com""www.ccbb.com"等。

2. 猜测攻击

首先，使用口令猜测程序进行攻击。口令猜测程序往往根据用户定义口令的习惯猜测用户口令，像名字缩写、生日、宠物名、部门名等。在详细了解用户的社会背景之后，黑客可以列举出几百种可能的口令，并在很短的时间内就可以完成猜测攻击。

下面是中国人常用的最弱口令：

000000、111111、11111111、112233、123123、123321、123456、12345678、654321、666666、888888、abcdef、abcabc、abc123、a1b2c3、aaa111、123qwe、qwerty、qweasd、admin、password、p@ssword、passwd、iloveyou、5201314、!@#$%^、名字+123。

其中的口令"!@#$%^"是按住〈Shift〉的同时再输入"123456"之后出现的口令。

下面是外国人常用的最弱口令：

password、123456、12345678、qwerty、abc123、monkey、letmein、1234567、trustno1、dragon、baseball、111111、iloveyou、master、sunshine、ashley、bailey、passw0rd、shadow、123123、654321、superman、qazwsx、michael、football。

看到以上弱口令以后，就要注意了，尽量不要使用上面的口令作为自己的口令。

3. 字典攻击

如果人工猜测攻击不成功，攻击者会继续扩大攻击范围，对所有英文单词进行尝试，程序将按序取出一个又一个的单词，进行一次又一次尝试，直到成功。据报道，对于一个有10万个英文单词的集合来说，入侵者不到两分钟就可试完。所以，如果用户的口令不太长或是单词、短语，那么很快就会被破译出来。如图3.14所示为LC软件，它可以对操作系统的口令进行字典式攻击。通过使用该工具，可以了解口令的安全性。

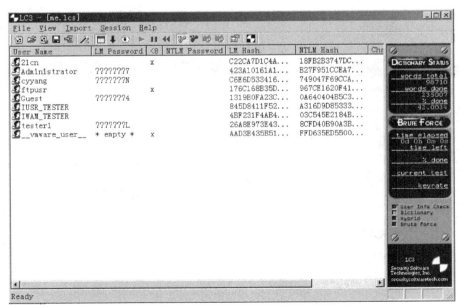

图 3.14　字典攻击

针对这种攻击的防护措施主要是口令不要取那些在常规字典里能够查到的单词。

4. 穷举攻击

如果字典攻击仍然不能够成功，入侵者会采取穷举攻击。一般从长度为 1 的口令开始，按长度递增进行尝试攻击。由于人们往往偏爱简单易记的口令，穷举攻击的成功率很高。如果每千分之一秒检查一个口令，那么 86% 的口令可以在一周内破译出来。针对这种攻击的防护措施主要是设置的口令要足够长，并且复杂。例如，至少 8 位以上，数字+符号+大小写组合就行了。

5. 混合攻击

混合攻击结合了字典攻击和穷举攻击，先进行字典攻击，再进行暴力攻击。

避免以上五类攻击的对策如下：

- 不用汉语拼音、英文单词。
- 不用生日、纪念日、有意义的字符串。
- 使用大小写字母、符号、数字的组合。
- 不要将口令写下来。
- 不要将口令存于计算机文件中。
- 不要在不同系统上使用同一口令。
- 为防止眼明手快的人窃取口令，在输入口令时应确认无人在身边。
- 定期改变口令，至少两个月左右要改变一次。

3.3.2 网络监听

世界上最早的监听器是中国在两千多年前发明的。战国时代的《墨子》一书中就记载了一种叫作"听瓮"的工具，如图 3.15 所示。这种工具是用陶制成的，大肚小口，把它埋在地下，并在瓮口蒙上一层薄薄的皮革，人伏在上面就可以听到城外方圆数十里的动静。特别是它可以埋在城里的城墙下，可以防止敌方通过挖洞的方式突破城墙的防护。

图 3.15　听瓮

在网络空间环境中，网络监听是一种用来监视网络状态、数据流程以及网络上信息传输的管理工具。它可以将网络功能设定成监听模式，这样就可以截获网络上所传输的信息。也就是说，当攻击者登录网络主机并取得超级用户权限后，若要登录其他主机，使用网络监听的方法可以有效地截获网络上的数据。这是攻击者优先使用的方法。但是网络监听仅能应用于连接同一网段的主机，且通常用来获取用户口令或密码。

网上有许多网络监听工具，例如 Wireshark，Sniffer Pro，NetXray，tcpdump 等。它们可以轻而易举地截取包括口令、账号等敏感信息。如图 3.16 所示为使用 Sniffer Pro 监听工具监听到的口令信息。

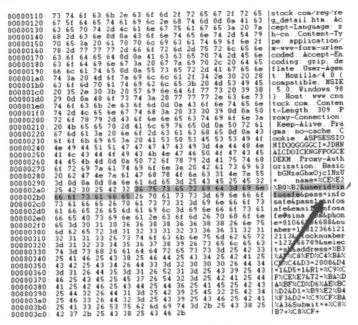

图 3.16　Sniffer Pro 监听到口令信息

针对网络嗅探攻击的防范措施，主要包括如下方法。
- 安装 VPN 网关，防止入侵者对网络信道进行嗅探。
- 对内部网络通信采取加密处理。
- 采用交换设备进行网络分段。
- 采取技术手段发现处于混杂模式的主机，即发掘"鼹鼠"。

3.3.3 缓冲区溢出攻击

缓冲区溢出是指用户向计算机缓冲区内填充的数据位数超过了缓冲区本身的容量时，溢出的数据覆盖了合法的数据。理想的情况是：检测程序会自行检查数据长度，并且不允许输入超过缓冲区长度的字符。然而，绝大多数程序都会假设数据长度总是与所分配的储存空间相匹配，这就为缓冲区溢出埋下巨大的隐患。操作系统中使用的缓冲区，又称为"堆栈"。在各个操作系统进程之间，指令会被临时储存在"堆栈"当中，"堆栈"也会出现缓冲区溢出的情况。

缓冲区溢出攻击则是利用软件的缓冲区溢出漏洞进行的攻击。缓冲区溢出漏洞是一种非常普遍而且非常危险的漏洞，它在操作系统和应用软件中广泛存在。利用缓冲区溢出攻击，能导致程序运行失败、系统关机、重新启动、内存异常、CPU 运行异常等严重后果。

例如，图 3.17 中的一段程序定义了一个名为 buffer，长度为 16 的字符数组。如果在将字符串 str 复制到 buffer 的时候，长度大于 16，那么就会出现缓冲区溢出现象。

```
void function(char *str) {
    char buffer[16];
    strcpy(buffer,str);
}
```

图 3.17　缓冲区溢出程序

攻击者就是利用类似这样的缓冲区溢出来进一步攻击的。这里只是举一个小例子，说明一下什么是缓冲区溢出。实际上的缓冲区溢出攻击要复杂得多，感兴趣的读者可以查找相关资料。

2003 年爆发的"冲击波"病毒就是一个利用缓冲区溢出漏洞进行攻击的例子。"冲击波"病毒正是利用了 2003 年 7 月 21 日公布的"DCOM/RPC 接口中缓冲区溢出"漏洞来进行传播的。该病毒在当年 8 月爆发。病毒运行时会不停地利用 IP 扫描技术来查找网络上操作系统为 Windows 2000 或 Windows XP 的计算机，找到以后就利用 DCOM/RPC 缓冲区漏洞攻击该系统。一旦攻击成功，病毒将会被传播到对方计算机中并进行复制，使系统操作出现异常、不停地重启，甚至会导致系统崩溃。只要那时的计算机上有 RPC 服务，并且没有给系统打补丁，就都会存在 RPC 漏洞。感染"冲击波"病毒后，系统不断要求关机，如图 3.18 所示。

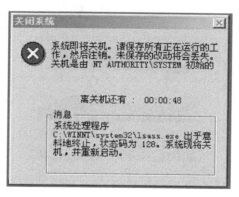

图 3.18　"冲击波"病毒要求系统关机

据国家计算机病毒应急处理中心统计，在"冲击波"病毒出现 24 小时内，全球有 140 万个网络地址（相当于 140 万台以上计算机）被入侵。在"冲击波"病毒出现的 4 个工作日内，该中心收集到全国范围内的 61000 多个案例，受感染的计算机超过 100 万台，全国所有地区几乎都有案例报告。它给全球互联网所带来的直接损失，在几十亿美元左右。

缓冲区溢出攻击占了远程攻击的大多数，这种攻击可以使一个匿名的 Internet 用户获得一台主机的部分或全部控制权。如果能有效消除缓冲区溢出的漏洞，则很大一部分安全威胁可以得到有效缓解。下面总结的四种方法，可以保护缓冲区免受缓冲区溢出的攻击和影响。

（1）通过操作系统的检测使得缓冲区溢出不可执行，从而阻止攻击者植入攻击用的代码。

（2）强制编写正确的代码。

（3）利用编译器的边界检查实现缓冲区保护。这种方法使得缓冲区溢出的情况不大可能出现，从而完全消除了缓冲区溢出威胁，但是相对而言代价也比较大。

（4）在程序指针失效前进行完整性的检查。虽然这种方法不能使所有的缓冲区溢出失效，但可以阻止绝大多数的缓冲区溢出攻击。

3.3.4 拒绝服务攻击

1. 拒绝服务攻击简介

拒绝服务攻击，英文名称是 Denial of Service，简称 DoS，即拒绝服务。DoS 攻击即攻击者想办法让目标主机或系统拒绝提供服务或资源访问，这些资源包括 CPU、磁盘空间、内存、进程、网络带宽等，从而阻止正常用户的访问。下面以 SYN Flood 攻击为例介绍 DoS 攻击。

SYN Flood 是一种常见的 DoS 攻击方式。它是利用了 TCP 协议的缺陷，发送大量的伪造的 TCP 连接请求，使得被攻击方 CPU 满负荷或内存资源耗尽，最终导致被攻击方无法提供正常的服务。

要明白这种攻击原理，还要从 TCP 连接的建立说起。TCP 和 UDP 不同，它提供一种基于连接的、可靠的字节流服务。想要双方通信就必须先建立一条 TCP 连接。这条连接的两端只有通信的双方。TCP 连接的建立过程如图 3.19 所示。

图 3.19　正常的三次握手过程

首先，请求端（发起方）会发送一个带有 SYN 标志位的报文，SYN（Synchronize）即同步报文。该报文中含有发送端的初始序号 ISN（Initial Sequence Number）和发送端使用的端口号，其作用就是请求建立连接，也叫 SYN 请求。

第二步，应答方收到这个请求报文后，就会回一个 SYN+ACK 的报文，同时这个报文中也包含服务器的 ISN 以及对请求端的确认序号，这个确认序号的值是请求端的序号值+1，表示请求端的请求被接受。

第三步，发起方收到这个报文后，就会回应给应答方一个 ACK 报文，到此一个 TCP 连接就建立了。

上面也就是典型的 TCP 三次握手过程（Three-way Handshake）。问题就出现在这最后一次的确认里，如果由于请求端的某种异常（死机、掉线、有人故意而为），使得服务器没有收到请求端发送的回应 ACK。那么第三次握手没有完成，服务器就会向请求端再次发送一个 SYN+ACK 报文，并等待一段时间后丢弃这个未完成的连接。这个时间长度称为 SYN Timeout，一般来说这个时间是分钟的数量级（30 s~2 min）；一个用户出现异常导致服务器等待 1 min 是没有什么问题的。如果有恶意攻击者采用这种方式，控制大量的肉鸡来模拟这种情况，服务器端会由于维护一个大量的半连接表而消耗大量的 CPU 和内存资源。服务器会对这个半连接表进行遍历，然后尝试发送 SYN+ACK 来继续 TCP 连接的建立。实际上如果客户的 TCP 协议栈不够强大，最后的结果就是服务器堆栈溢出崩溃。即使服务器端足够强大，服务器也会因为忙于处理攻击者的 TCP 连接请求而无暇理会正常的客户的请求，此时从客户端来看，服务器就已经失去响应。如果这样的半连接是攻击者发起的，这时我们称服务器遭受了 SYN Flood 攻击。如图 3.20 所示为攻击者伪造 SYN 请求，形成了 SYN Flood 攻击。

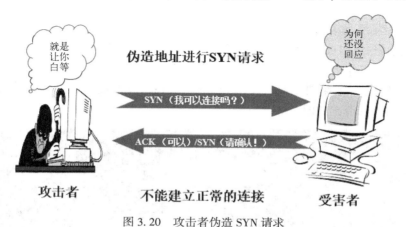

图 3.20　攻击者伪造 SYN 请求

由于攻击者大量占用了受害者的资源，正常用户就不能访问正常的服务了。如图 3.21 所示。

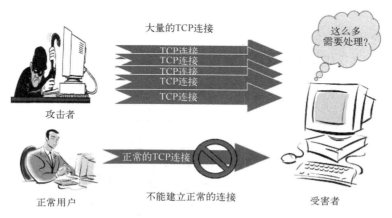

图 3.21　正常用户不能访问

针对这种攻击的防护，主要是通过防火墙来实现的。具体来说防火墙如果发现大量的这种半连接，就可以禁止它们通行，并且把相关的 IP 列为黑名单。这样以后类似的攻击就不会发生了。如图 3.22 所示为防火墙防范 SYN Flood 攻击。

图 3.22　防火墙防范 SYN Flood 攻击

2. 分布式拒绝服务攻击简介

分布式拒绝服务（Distributed Denial of Service，DDoS）攻击，是使用网络上两个或两个以上被攻陷的计算机作为"僵尸"向特定的目标发动"拒绝服务"式攻击。这种攻击是以 DoS 攻击为基础，但是效果要比 DoS 攻击强很多。DDoS 按拒绝的对象可以分为带宽消耗型攻击和资源消耗型攻击，如图 3.23 所示。

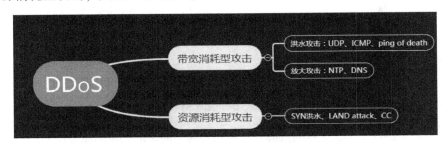

图 3.23　DDoS 攻击的分类

DDoS 攻击的基本步骤如下。

第 1 步：攻击者使用扫描工具扫描大量主机以寻找潜在入侵目标，如图 3.24 所示。

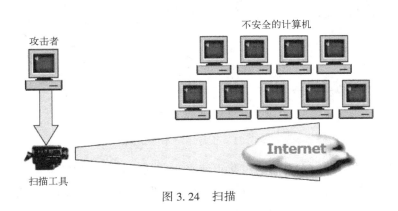

图 3.24　扫描

第 2 步: 攻击者设法入侵有安全漏洞的主机并获取控制权, 这些主机将被用于放置后门、守护程序、攻击者程序等, 如图 3.25 所示。

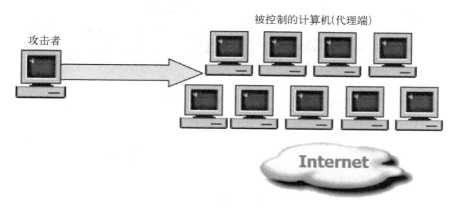

图 3.25　获取控制权

第 3 步: 攻击者在得到入侵计算机清单后, 从中选出建立网络所需要的主机, 放置已编译好的守护程序, 并向被控制的计算机发送命令, 如图 3.26 所示。

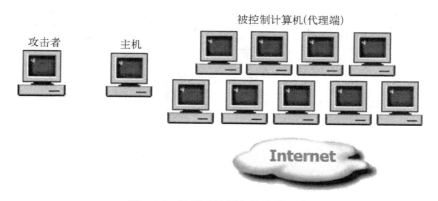

图 3.26　放置已编译好的守护程序

第 4 步: 攻击者发送控制命令给主机, 准备启动对目标系统的攻击, 如图 3.27 所示。

第 5 步: 主机发送攻击信号给被控制计算机开始对目标系统发起攻击, 如图 3.28 所示。

第 6 步: 目标系统被无数个伪造的请求所淹没, 从而无法对合法用户进行响应, DDoS 攻击成功。如图 3.29 所示, 正常用户无法访问。

以上为 DDoS 攻击的详细步骤。DDoS 攻击的效果非常惊人。由于整个过程是自动化的, 攻击者能够在 5 s 内入侵一台主机并安装攻击工具。也就是说, 在短短的一小时内可以入侵数千台主机, 并使某一台主机可能遭受到 1000 MB/s 数据量的猛烈攻击。这一数据量相当于 1.04 亿人同时拨打某公司的一个电话号码, 那么正常用户想访问这部电话就访

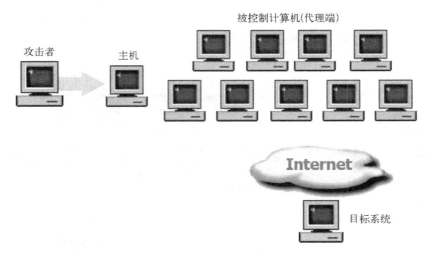

图 3.27　发送控制命令

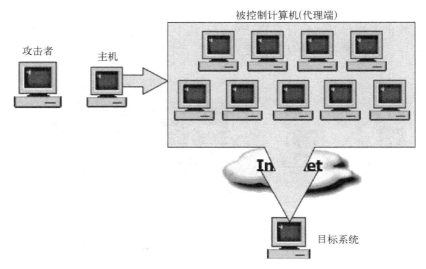

图 3.28　攻击目标

问不成了。

3. 拒绝服务攻击的防护

（1）定期扫描现有的网络主节点，清查可能存在的安全漏洞。对新出现的漏洞及时进行清理。骨干节点的计算机因为具有较高的带宽，是黑客入侵的重灾区，因此对这些主机本身加强安全是非常重要的。

（2）骨干节点上的防火墙的配置至关重要。防火墙本身能抵御 DDoS 攻击和其他一些攻击。在发现受到攻击的时候，将攻击导向一些牺牲主机，这样可以保护真正的主机不瘫痪。

（3）用足够的机器承受黑客攻击。这是一种较为理想的应对策略。如果用户拥有足够的容量和足够的资源让黑客攻击，黑客在不断访问用户、夺取用户资源的同时，自己的能量

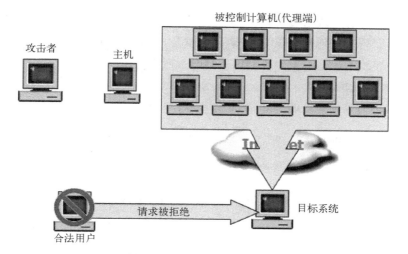

图 3.29　正常用户无法访问

也在逐渐耗失，或许未等用户被攻死，黑客已无力支持下去。

（4）充分利用网络设备保护网络资源。所谓网络设备是指路由器、防火墙等负载均衡设备，它们可将网络有效地保护起来。当网络被攻击时最先死掉的是路由器，但其他机器没有死。死掉的路由器经重启后会恢复正常，而且启动起来还很快，没有什么损失。若其他服务器死掉，其中的数据会丢失，而且重启服务器又是一个漫长的过程。

（5）使用 Express Forwarding 可以过滤不必要的服务和端口，即在路由器上过滤假 IP。比如 Cisco 公司的 CEF（Cisco Express Forwarding）可以对封包 Source IP 和 Routing Table 做比较，并加以过滤。

（6）使用单播反向通路转发（Unicast Reverse Path Forwarding）检查访问者的来源。它通过反向路由表查询的方法检查访问者的 IP 地址是否是真，如果是假的，它将予以屏蔽。许多黑客攻击常采用假 IP 地址的方式来迷惑用户，很难查出它来自何处，因此，利用单播反向通路转发可减少假 IP 地址的出现，有助于提高网络安全性。

（7）过滤所有 RFC1918 IP 地址。RFC1918 IP 地址是内部网的 IP 地址，像 10.0.0.0、192.168.0.0 和 172.16.0.0，它们不是某个网段的固定 IP 地址，而是 Internet 内部保留的区域性 IP 地址，所以应该把它们过滤掉。

（8）限制 SYN/ICMP 流量。用户应在路由器上设置 SYN/ICMP 的最大流量来限制 SYN/ICMP 封包所能占有的最高频宽，这样，当出现大量的超过所限定的 SYN/ICMP 流量时，就说明不是正常的网络访问，而是有黑客正在入侵。

3.3.5　SQL 注入攻击

1. SQL 注入攻击简介

SQL 注入攻击是攻击者对数据库进行攻击的常用方法之一。随着 B/S 模式应用开发的广泛使用，采用这种模式编写的应用程序也越来越多。然而由于程序员之间的水平及经验也存在差距，很多程序员在编写代码的时候，没有对用户输入数据的合法性进行验证，使应用程序存在许多安全隐患。攻击者可以提交一段用 SQL 语言编写的数据库查询代码,根据程序返回的结果,获得某些他想得知的数据,这就是所谓的 SQL 注入攻击(SQL Injection)。SQL 注入攻击会导致的数据库安全风险包括刷库、拖库、撞库。

2. SQL 注入攻击的原理

例如,某网站的登录验证的 SQL 查询代码如下:

StringSQL ="SELECT * FROM Users WHERE(Name = '" + UserName + "') and(Pw = '"+ PassWord +"');"

当恶意攻击者填入

$$UserName = "1' \ OR \ '1'='1"$$

与

$$PassWord = "1' \ OR \ '1'='1"$$

时,将导致原本的 SQL 字符串被填为

StringSQL = "SELECT * FROM Users WHERE(Name = '1' OR '1'='1') and(Pw = '1' OR '1'='1');"

也就是实际上运行的 SQL 命令会变成下面这样的

StringSQL = "SELECT * FROM Users;"

因此,攻击者就可以达到没有账号密码,也可以登录网站的目的。所以 SQL 注入攻击俗称为攻击者的填空游戏。

3. SQL 注入攻击的实现

目前的 SQL 注入攻击不用自己编写软件,网上有很多这样的工具,例如 BSQL Hacker、Pangolin、Aqlmap、Havij、Enema 等。如图 3. 30 所示为 SQL 注入工具 BSQL Hacker。

BSQL Hacker 注入工具是由 Portcullis 实验室开发的一个 SQL 自动注入工具(支持 SQL 盲注)。它可以自动对 Oracle 和 MySQL 等数据库进行攻击,并自动提取数据库的数据和架构。

4. SQL 注入攻击的危害

SQL 注入攻击的危害是非常大的。根据媒体报道,2011 年 12 月 21 日,有多家互联网站的用户数据库被黑客公开,超过 5000 万个用户账号和密码在网上流传。2011 年 12 月 21 日,某专业网站数据库开始在网上被疯狂转发,包括 600 余万个明文的注册邮箱和密码泄露,大批受影响用户为此连夜修改密码。此后,178 游戏网等 5 家网站的用户数据库又被相继公开,更有媒体曝光金山毒霸等数十家大型网站已遭黑客"拖库",从而将 2011 年末的密码危机推向高峰。

5. SQL 注入攻击的防护

SQL 注入攻击属于数据库安全攻击方法之一,可以通过数据库安全防护技术实现有效防护,数据库安全防护方法与技术包括数据库漏扫、数据库加密、数据库防火墙、数据脱敏、数据库安全审计系统。

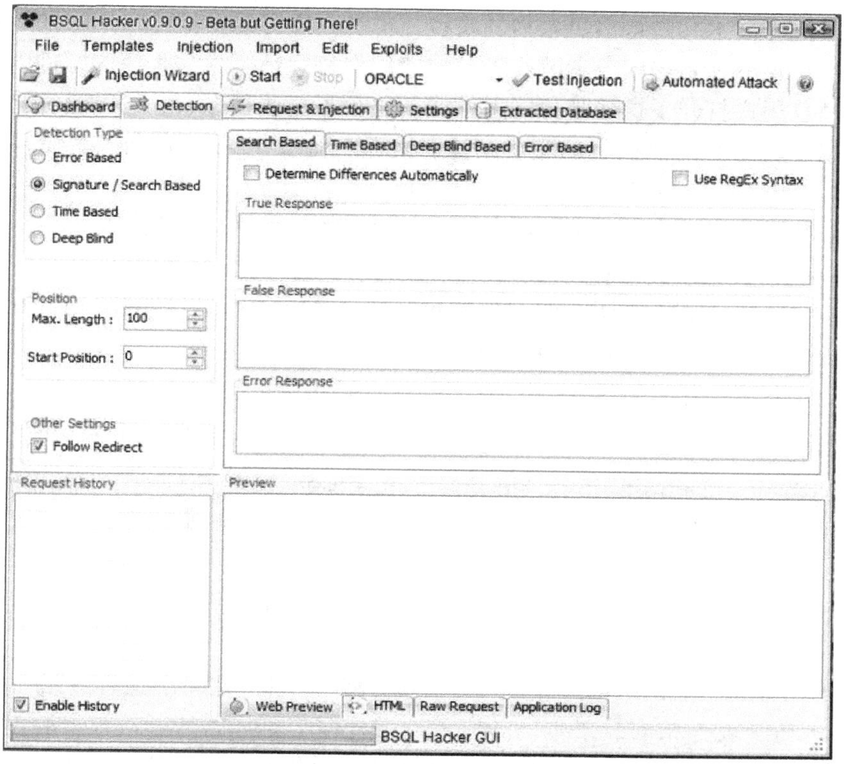

图 3.30　BSQL 注入攻击工具

3.3.6　木马攻击

1. 木马简介

传说希腊军队包围特洛伊城久攻不下，于是有人想到了做一只大木马，里面藏着一些士兵。然后假装撤退，将木马丢弃在特洛伊城下。等特洛伊人把木马拉进城后，晚上士兵出来打开城门，把希腊军队放进来攻破了特洛伊城。如图 3.31 所示为特洛伊木马原型图。

图 3.31　特洛伊木马原型图

在网络安全界，木马是特洛伊木马的简称。木马程序可以直接侵入用户的计算机并进行破坏，它常被伪装成工具程序或者游戏等，诱使用户打开带有木马程序的邮件附件或从网上直接下载，一旦用户打开了这些邮件的附件或者执行了这些程序，它们就会在计算机系统中隐藏一个可以在启动时悄悄执行的程序。这种远程控制工具可以完全控制受害主机，危害极大。

Windows 下的木马包括 Netbus、subseven、BO、冰河、网络神偷等。UNIX 下的木马则包括 Rhost ++、Login 后门、rootkit 等。

以冰河木马为例，其不同版本的文件图标如图 3.32 所示。以冰河木马 6.0 为例，其服务端大小为 182 KB，客户端大小为 451 KB。

图 3.32　不同版本冰河木马的文件图标

完整的木马程序一般由两部分组成：一个是服务器端，另一个是客户端（也叫控制器端）。"中了木马"就是指安装了木马的服务器端程序。若你的计算机被安装了服务器端程序，则拥有相应客户端的人就可以通过网络控制你的计算机，为所欲为。这时你计算机上的各种文件、程序，以及正在使用的账号、密码就无安全可言了。这里注意受害者安装的是服务器端，攻击者用的是客户端，不能反了。如果反了就被别人控制了。如图 3.33 所示为冰河木马 6.0 版本的界面。它的功能非常强大，可以抓取或控制屏幕、发送密码、删除文件等。

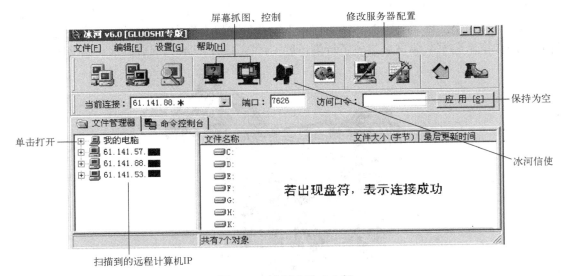

图 3.33　冰河木马 6.0 版

2. 木马的种类

（1）破坏型。这类木马唯一的功能就是破坏并且删除文件，可以自动删除计算机中的 Word、DLL、INI、EXE 等重要文件。

（2）密码发送型。可以获取用户的许多密码并把它们发送到指定的邮箱。很多人喜欢把自己的各种密码以文件的形式存放在计算机中，认为这样方便。但许多木马软件可以寻找到这些文件，把它们发送到黑客手中。也有些木马软件长期潜伏，记录操作者的键盘操作，从中寻找有用的密码。

（3）远程访问型。如果有人运行了服务端程序，一旦攻击者知道了服务端的 IP 地址，就可以实现远程控制。这样可以观察受害者正在干什么，从而达到监视某个计算机操作的目的。

（4）键盘记录木马。这种木马程序只做一件事情，就是记录受害者的键盘敲击并且在 LOG 文件里查找密码。它会随着 Windows 的启动而启动，并提供在线和离线记录这样的选项，可以分别记录受害者在线和离线状态下敲击键盘时的按键。也就是说受害者按过什么按键，木马程序都能知道，从这些按键中很容易就会得到受害者的密码甚至是银行卡账号等有用信息。

（5）DoS 攻击木马。随着 DoS 攻击越来越广泛，被用作 DoS 攻击的木马程序也越来越多。攻击者入侵一台计算机后，会向其植入 DoS 攻击木马程序，这台计算机日后就成为攻击者进行 DoS 攻击的得力助手了。所以，这种木马程序的危害不是体现在被感染的计算机上，而是体现在攻击者可以利用它来攻击一台又一台计算机。

3. 木马的防范

（1）检测和寻找木马隐藏的位置。木马侵入系统后，需要找一个安全的地方选择适当的时机进行攻击，因此只有找到和掌握木马藏匿位置，才能最终清除木马。木马经常会集成到程序中，藏匿在系统中，伪装成普通文件或者添加到计算机操作系统的注册表中，还有的会嵌入在启动文件中，一旦计算机启动，这些木马程序也将运行。

（2）防范端口。检查计算机用到什么样的端口，正常运用的是哪些端口，而哪些端口不是正常开启的；了解计算机端口状态，哪些端口目前是连接的，特别注意这种开放是否正常；查看当前的数据交换情况，重点注意哪些数据交换比较频繁，是否属于正常数据交换。关闭一些不必要的端口，例如，7626 端口会经常被冰河木马使用，可以考虑关闭它。

（3）删除可疑程序。对于非系统的程序，如果不是必要的，完全可以删除；如果不能确定，则可以利用一些查杀工具进行检测。

（4）安装防火墙。防火墙在计算机系统中起着不可替代的作用，它保障计算机的数据流通，保护着计算机的安全通道，对数据进行管控可以根据用户需要自定义，防止不必要的数据流通。安装防火墙有助于对计算机病毒木马程序的防范与拦截。

3.3.7　社会工程学攻击

社会工程学攻击是一种利用人的弱点，以顺从人的意愿、满足人的欲望的方式，让受害者上当受骗的方法。

社会工程学的基本攻击目标和其他攻击方法基本相同，目的都是为了获得目标系统的未授权访问路径或重要信息，从事网络入侵、信息盗取、身份盗取，或者仅仅是扰乱系统或网络，或是为了骗取受害人的钱财等。

下面是一个虚拟的社会工程学攻击的例子。某人在玩联众游戏的时候，突然有消息弹出声称"中奖"了。中奖信息可以在网站 www.ourgame888.com 上看到。打开这个网站如图 3.34 所示，它和真正的联众网站几乎没有任何区别，只是上面多了一个"有奖活动专区"。

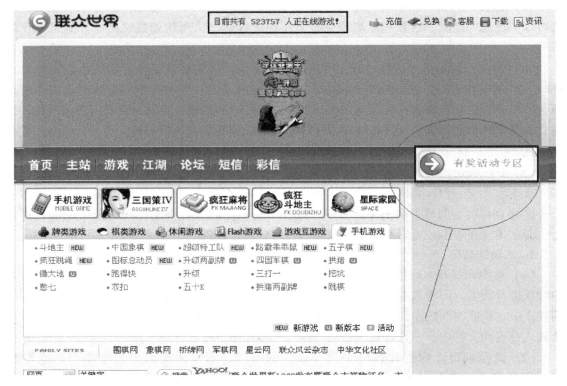

图 3.34 "中奖"网站

进入"有奖活动专区"，上面说明奖品为 8000 元现金和价值 14900 元的 LG 笔记本计算机，如图 3.35 所示；在"领奖说明"中说，要获得这些奖品和奖金必须先给承办方 688 元的手续费用，如图 3.36 所示；这次活动还有公证人叫"孙世江"，如图 3.37 所示；还有联众公司的"网络文化经营许可证"，如图 3.38 所示；最后必须填写反馈信息，如图 3.39 所示。

这是一起非常典型的社会工程学攻击事件。如果不认真分析，很容易受骗。下面做一个详细的分析。细心的话，会发现这里有很多疑点。

（1）打开真正的联众网站 www.ourgame.com，如图 3.40 所示。会发现它和上面的假联众网站除了"有奖活动专区"有区别以外，"在线游戏"人数也不一样。真正联众网站上的在线游戏人数是变化的，而假联众网站上的在线游戏人数却是不变的。

活动奖品：由联众网络发展有限公司送出惊喜奖金 ￥8000 RMB 以及 LG/LT20/67EC笔记本计算机一部。（支持全国联保 价值 ￥1,4900RMB ）

LT20在外观方面从人体工学的设计角度出发，每一个细节都认真考虑到用户的应用感受，独具匠心的设计四处可见。比如，LT20通过键盘倾斜设计来调节键盘托盘和屏幕的角度，使用户获得舒适的键盘使用感受；个性十足的6色 LED指示灯，使用户可以轻松获知笔记本的工作状态；外壳静谧黑色与高贵金属银色的和谐搭配，炫酷无比；轻薄的镁合金材质不仅有利于机身的散热，同时也增加了机身的强度。

图 3.35 "奖品"

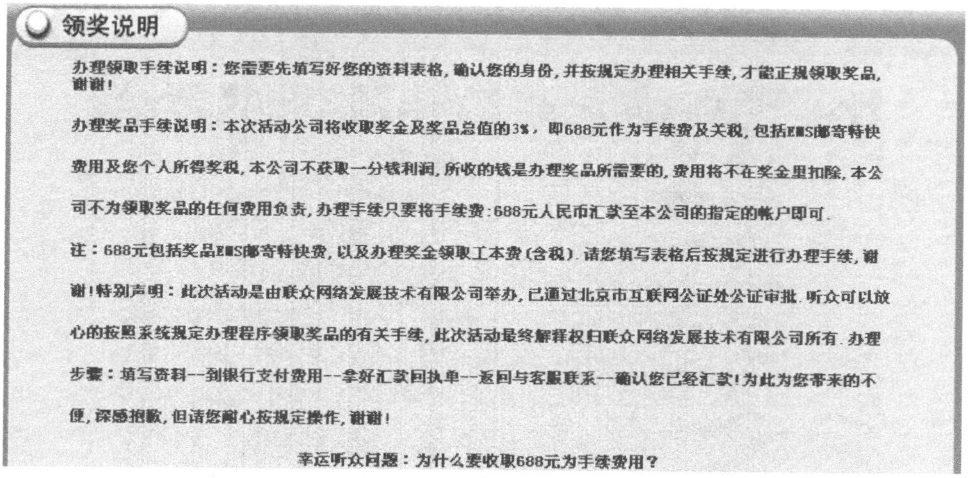

领奖说明

办理领取手续说明：您需要先填写好您的资料表格，确认您的身份，并按规定办理相关手续，才能正规领取奖品，谢谢！

办理奖品手续说明：本次活动公司将收取奖金及奖品总值的3%，即688元作为手续费及关税，包括EMS邮寄特快费用及您个人所得税，本公司不获取一分钱利润，所收的钱是办理奖品所需要的，费用将不在奖金里扣除，本公司不为领取奖品的任何费用负责，办理手续只要将手续费：688元人民币汇款至本公司的指定的帐户即可。

注：688元包括奖品EMS邮寄特快费，以及办理奖金领取工本费(含税)，请您填写表格后按规定进行办理手续，谢谢！特别声明：此次活动是由联众网络发展技术有限公司举办，已通过北京市互联网公证处公证审批。听众可以放心的按照办理规定办理程序领取奖品的有关手续，此次活动最终解释权归联众网络发展技术有限公司所有。办理步骤：填写资料--到银行支付费用--拿好汇款回执单--返回与客服联系--确认您已经汇款！为此为您带来的不便，深感抱歉，但请您耐心按规定操作,谢谢！

幸运听众问题：为什么要收取688元为手续费用？

图 3.36 "领奖说明"

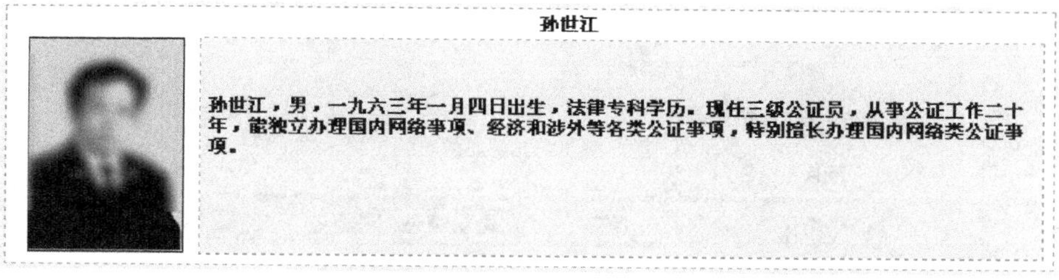

孙世江

孙世江，男，一九六三年一月四日出生，法律专科学历。现任三级公证员，从事公证工作二十年，能独立办理国内网络事项、经济和涉外等各类公证事项，特别擅长办理国内网络类公证事项。

图 3.37 "公证人"

网络文化经营许可证

编号:文网文****号

单 位 名 称:北京联众电脑技术有限责任公司

地　　　址:北京市海淀区王庄路1号清华同方科技大厦

法定代表人:

经 济 类 型:有限责任公司

注 册 资 本:人民币2000万元

经 营 范 围:利用互联网经营音像制品、游戏产品、艺术品、
演出剧（节）目、动画等其他文化产品
从事互联网文化产品的展览、比赛等活动

发证机关:

二〇〇四年　月　日

图 3.38　"联众"公司的"网络文化经营许可证"

联系反馈	
账号:	
昵称:	
真实姓名:	
相关证件类型:	身份证件 ▼
证件号码:	
所在地区:	请指定 ▼
详细地址:	
邮政编码:	
QQ号码:	
联系电话:	
选择银行:	全部银行 ▼
银行账号/卡号:	
持卡人姓名:	

提交　重填信息

图 3.39　反馈信息

图 3.40　真正的联众网站

（2）上面"领奖说明"里面要交 688 元手续费，这里我们不禁要问，这 688 元的手续费为什么不能直接从 8000 元的"奖金"中扣除呢？

（3）上面联众公司"网络文化经营许可证"当中，"单位名称""地址""法定代表人""经济类型""注册资本"等信息的字体大小、字体深浅为什么是不一样的呢？

（4）为什么在"反馈信息"当中，要写"银行卡号""身份证信息""真实姓名""持卡人姓名"等信息呢？

这些都是关于这次活动的疑问。经过分析可以得出：通过上面第 1 点判断，这是一个假网站；通过第 2 点判断，这个活动是在骗取"手续费"；通过第 3 点判断，这个"网络文化经营许可证"是被人改过的、假的证件；通过第 4 点判断，对方想骗取受害者银行卡上的钱。

针对这种社会工程学攻击的防范措施，关键是计算机用户要会冷静分析。要知道天上是不会平白无故掉下馅饼的，世界上没有免费的午餐。不要轻易相信类似的中奖信息，除非得到公安部门的认可。

防范社会工程学攻击主要采用如下方法。

（1）当心来路不明的电子邮件、短信以及电话。在提供任何个人信息之前，验证其可靠性和权威性。

（2）仔细并认真地浏览电子邮件、短信、微信等的细节。不要让攻击者消息中的急迫性阻碍了你的判断。

（3）自学。信息是预防社会工程攻击的最有力的工具。要经常学习并研究如何鉴别和防御网络攻击者。

（4）永远不要打开来自未知发送者的电子邮件中的嵌入链接。如果有必要就使用搜索引擎寻找目标网站或手动输入网站地址。

（5）永远不要在未知发送者的电子邮件中下载附件。

（6）拒绝来自陌生人的在线技术帮助，无论他们声称自己是多么正当的。

（7）使用防火墙来保护计算机空间，及时更新杀毒软件同时提高垃圾邮件过滤器的门槛。

（8）下载软件及操作系统补丁，预防零日漏洞。及时安装软件供应商发布的补丁程序。

（9）经常关注网站的 URL。有时网上的骗子对 URL 做了细微的改动，将流量诱导进了自己的诈骗网站。

（10）不要幻想不劳而获。如果你从来没有买过彩票，那你永远都不会成为那个中大奖的幸运儿。如果你从来就没有丢过钱，那为什么还要接受来自国外某个机构的退款呢？

3.4 网站被黑客攻击的防护方法

如果网站不幸被攻击者攻击，那么我们一般可以采用如下的方法来进行防护。

1. 确认被攻击的范围

如果网站被篡改，可能攻击者只拥有网站的权限，就是常说的 Webshell。也有可能攻击者通过 WebShell 提权，已经获得服务器的权限，甚至已经渗透到内网。所以可以通过日志等迹象来判断和确认攻击的范围，同时查看系统里有没有多余的账号。

2. 备份日志（如 IIS、Apache、FTP、Windows/Linux/UNIX 等日志）

可能部分日志已经被黑客清除，可以通过日志恢复等方法，尽量找到更多的日志。如果有大的损失，可以打 110 报警。这时候日志就发挥重要作用了，办案人员可以通过日志寻找入侵者的行踪。日志还有一个重要作用就是有可能找到黑客攻击该网站时所使用的方法，并从中寻找漏洞所在。

3. 清除后门程序

一般攻击者会为了长期进入受害者系统，而安装各种后门程序如 asp、aspx、php、jsp、cgi、py 等脚本木马。如果攻击者已经获得服务器权限，就检查基于系统的后门如 Rootkit、反弹远程控制木马，检查攻击者是否替换程序等，并且把系统里不认识的账号删除。

4. 修复漏洞

仅仅清除后门是不够的，还必须找到攻击者攻击时所利用的漏洞。这样才能从根本上解决安全问题，这个过程难度是最大的，一般会涉及开发，只有具备丰富经验的安全人员才能解决。找到漏洞后要打个补丁。

5. 更改以前的配置文件

更改原先配置，修复漏洞后，需要更改一些以前的配置文件，如网站后台密码、数据库连接密码、变更网站路径或者文件名。这样做的目的就是防止攻击者通过以前的记录信息再次入侵，同时更改 Administrator、root 等管理员密码。

思考题

1. 什么是黑客？
2. 黑客常用的"肉鸡"指的是什么？
3. 黑客攻击的一般流程是什么？
4. 如何避免对口令的攻击？
5. 如何对网络监听进行防范？
6. 如何防范缓冲区溢出攻击？
7. 什么是拒绝服务攻击？
8. 如何对拒绝服务攻击进行防范？
9. 如何对 SQL 注入攻击进行防范？
10. 什么是木马攻击，如何防范？
11. 什么是社会工程学攻击？如何进行防范？
12. 举例说明你见到或遇到的社会工程学攻击，并说明如何防范。
13. 网站网页被恶意更改后，应如何恢复？

第4章　物理层安全

物理层安全是网络空间安全体系结构当中最底层的安全。物理设备或线路被偷盗、干扰、损害等将直接影响网络信息系统的使用。本章主要讲述了物理层的安全威胁及基本的防护措施。

4.1　物理层安全概述

物理层负责传输比特流，它从数据链路层（Data Link Layer）接收数据帧（Frame），并将帧的结构和内容串行发送，即每次发送1 bit。物理层定义了实际使用的机械规范和电子数据比特流，包括电压大小、电压的变动以及代表"1"和"0"的电平定义。在这个层中定义了传输的数据速率、最大距离和物理接头。如图4.1所示为物理层经常使用的双绞线，俗称网线。

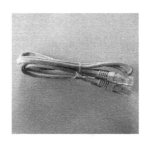

图 4.1　双绞线

物理层安全风险主要指由于网络周边环境和物理特性引起的网络设备和线路的不可用，而造成网络系统的不可用。例如，设备被盗、设备老化、意外故障、无线电磁辐射泄密等。下面主要从机房安全建设、物理环境安全和物理安全控制这三个方面来讲述物理层的安全防护。

4.2　机房安全建设

机房安全建设的主要目标是保护机房内的计算机的安全，防止偷盗。

1. 机房保安

如果财力允许，最好给关键机房配置保安。保安可以保证在公司下班后，依然有人看管机房（见图4.2）。防止下班后公司财物丢失。

有了机房，还需要制定机房的安保制度，可以参考如下制度。

（1）出入机房应注意锁好门窗。最后离开机房的人员必须自觉检查和关闭所有机房门窗、锁定防盗装置。应主动拒绝陌生人进出机房。

图 4.2　机房保安

（2）工作人员离开工作区域前，应保证工作区域内保存的重要文件、资料、设备、数据处于安全保护状态。如锁定工作计算机，并妥善保存重要资料和数据。

（3）工作人员、到访人员出入应登记。

（4）外来人员进入必须由相关的工作人员全面负责其行为安全。

（5）未经机房管理人员批准，禁止将机房相关的钥匙、密码等物品和信息外借或透露给其他人员，同时有责任对保安信息进行保密。对于遗失钥匙、泄露保安信息的情况要及时上报，并主动采取措施保证机房安全。

（6）机房人员有责任对机房保安制度上存在的漏洞和不完善的地方及时提出改善建议。

（7）禁止带领与机房工作无关的人员进出机房。

（8）绝不允许与机房工作无关的人员直接或间接操纵机房任何设备。

（9）出现机房盗窃、破门、火警、水浸、110 报警等严重事件时，机房工作人员有义务以最快的速度到达现场，协助处理相关的事件。

2. 门禁

门禁的主要功能就是对门区进行控制，对进出的人员进行限制管理，保障单位的安全。目前，主要有指纹识别开门、刷卡开门、卡片加密码开门和密码开门等几种开门方式，有些门禁还带有考勤功能。

门禁系统可以在不同的建筑、不同的场所进行特殊设置。比如在重要机房等场所可以配置"反胁迫密码报警"功能，从而在值班人员遭到挟持的情况下，既能保证人身安全，又可以巧妙地报警。如图 4.3 所示为楼宇门口的门禁；如图 4.4 所示为房间门口门禁。

3. 温湿度监测报警器

温湿度监测报警器可以在机房温度和湿度高于某一值时报警，以防止火灾等灾害的发生。温湿度报警器是带有温湿度上下限报警功能的、能够监控机房温湿度的仪器。如图 4.5 所示为温湿度监测报警器。

图 4.3　楼宇门口的门禁

图 4.4　房间门口门禁

4. 灭火器

灭火器是一种平时往往被人冷落，而关键时刻大显身手的消防必备之物。尤其是在高楼大厦林立，室内用大量木材、塑料、织物装潢的今日，一旦有了火情，没有适当数量的灭火器具，便可能酿成大祸。灭火器是机房甚至整个楼宇都必备的安全防护设备之一。

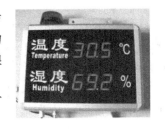

图 4.5　温湿度
监测报警器

灭火器有多种类型，适宜扑灭不同原因引起的火灾，使用方法也不尽相同，常见的灭火器如下。

（1）手提式泡沫灭火器。泡沫灭火器适宜扑灭油类及一般物质的初起火灾。使用时，用手握住灭火机的提环，平稳、快捷地提往火场，不要横扛、横拿。灭火时，一手握住提环，另一手握住筒身的底圈，将灭火器颠倒过来，喷嘴对准火源，用力摇晃几下，即可灭火。

注意：不要将灭火器的盖与底对着人体，防止盖、底弹出伤人。不要与水同时喷射在一起，以免影响灭火效果。扑灭电器火灾时，尽量先切断电源，防止人员触电。如图 4.6 所示为手提式泡沫灭火器。

（2）手提式二氧化碳灭火器。二氧化碳灭火器适宜扑灭精密仪器、电子设备以及 600 V

以下的电器初起火灾。如图4.7所示为常见的手提式二氧化碳灭火器。

图4.6　手提式泡沫灭火器　　　　图4.7　手提式二氧化碳灭火器

　　手提式二氧化碳灭火器有两种，即手轮式和鸭嘴式。手轮式：一手握住喷筒把手，另一手撕掉铅封，将手轮按逆时针方向旋转，打开开关，二氧化碳气体即会喷出。鸭嘴式：一手握住喷筒把手，另一手拔去保险销，将扶把上的鸭嘴压下，即可灭火。

　　注意：灭火时，人员应站在上风处。持喷筒的手应握在胶质喷管处，防止冻伤。室内使用后，应加强通风。

　　（3）手提式干粉灭火器。干粉灭火器适宜扑灭油类、可燃气体、电器设备等初起火灾。使用时，先打开保险销，一手握住喷管，对准火源，另一手拉动拉环，即可扑灭火源。如图4.8所示为常见的干粉灭火器。

图4.8　干粉灭火器

　　以上介绍的三种灭火器有各自的特点，可以根据实际需求购买使用。

4.3 物理环境安全

物理环境安全主要包括采用监控和身份卡等技术，实现机房或设备周围环境的安全。

1. 监控器

机房一定要安装监控器。监控器如图4.9所示，它的作用主要如下。

图4.9 监控器

（1）提前预防，对犯罪分子有威慑和警示的作用；事后追踪线索，为安检侦破提供证据。

（2）方便管理人员及时了解和把握工作的进度与状况，不用亲自到机房现场也能实现对人员、办公等情况的掌握。

（3）机房内如有员工私人物品丢失可通过监控录像重播找回。

（4）捕捉监控区域内的所有画面并传输到存储器中，以备日后需要时回放、查询。

机房安装监控器的时候，一般至少在机房内空间对角线位置安装两个监控器。这样就可以从多个角度观察机房内的情况。

2. 身份卡

如果条件允许，可以考虑给每人配置一张身份卡（见图4.10），这样出了安全问题后，容易找到具体实施的人。

图4.10 身份卡

有的地方也可以利用各种生物识别技术，如指纹、虹膜、声音等。但是生物识别也有自身的缺陷（如识别率等）。

4.4　物理安全控制

隔离是最安全的物理安全控制方法，这里主要从内外网物理隔离方法和传输介质的控制两个方面讲述。

1. 内外网物理隔离

一般来说，公司内部的研发网与外网是完全从物理上隔离的（没有网线直接相接）。这样从物理上隔离可以防止公司的核心代码被外网的黑客盗用，也可以防止公司内部人员将公司代码"偷"出去，最大程度上防止了来自外部的恶意入侵行为（如网上的病毒等）。

但是这样做却使研发人员不能很方便地上网来查找资料，势必对研发效率产生影响。这一问题应该如何解决呢？下面以某公司研发部为例来说明如何解决这一问题，如图4.11所示。

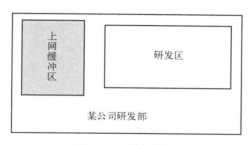

图4.11　网络隔离

（1）设置专门的上网区域（在研发区以外），这里叫它上网缓冲区。研发人员可以在这个上网缓冲区自由地上网来查找资料，但是上网缓冲区与研发区是物理隔离的，没有任何形式的连接。

（2）给重要员工配置笔记本计算机，通过无线方式上网来查找资料。

（3）如果有人想给研发区的计算机复制资料，则需要通过主管同意，并且采用专门的文件服务器上传。

2. 传输介质的控制

对于传输介质的控制，采用的是一种多层次、多方面的控制措施。这样可以最大程度上防止公司核心成果的外泄，特别是公司内部人员将公司机密泄露。

（1）禁止公司员工将自己的笔记本计算机、U盘等传输介质带入公司，一经发现，严肃处理。

（2）将研发网计算机上的U盘接口、串口、并口等用带有公司公章的封条封上。

（3）将研发网计算机内部U盘接口、串口和并口等的接口线拔掉。

（4）将机箱上锁。

（5）通过计算机BIOS设置将U盘接口、串口和并口等屏蔽。

（6）如果员工要从内部向外部，或从外部向内容备份资料，则必须通过专门的安全管理人员进行操作。

思考题

1. 物理层都有哪些安全风险?
2. 机房配置安保人员的作用是什么?
3. 门禁的作用是什么?
4. 灭火器都有哪些种类，它们的使用有什么区别?
5. 监控的主要作用有哪些?
6. 在解决公司里有些人上网查资料问题的同时，如何避免这些人泄露公司的机密?
7. 如何通过控制文件传输介质来防止公司机密信息外泄?

第 5 章　防　火　墙

本章主要介绍防火墙的相关知识，包括防火墙概述、防火墙的技术实现、防火墙的体系结构、防火墙的性能指标、防火墙中的网络地址转换功能、防火墙新技术等。

5.1　防火墙概述

在古代，人们常在房子之间砌起一道土墙、砖墙或石头墙（见图5.1）。这些墙主要是用来防止盗窃、野兽攻击等。当然它们也有防火的作用，一旦火灾发生，这些墙就能够阻止火势蔓延到别的房间，这时的墙可以称作防火墙。

图 5.1　石头墙

在现代，防火墙是一种由计算机硬件和软件组成的系统，部署于网络边界，是连接内部网络和外部网络（或内部网络不同安全级别的部门）之间的桥梁，同时对进出网络边界的数据进行保护，防止恶意入侵、恶意代码的传播等，保障内部网络数据的安全。如图5.2所示为最常见的硬件防火墙。

图 5.2　硬件防火墙

防火墙技术是建立在网络技术和信息安全技术基础上的应用性安全技术，几乎所有的企业内部网络与外部网络（如因特网）相连接的边界都会设置防火墙，它能够安全过滤和安全隔离外网攻击、入侵等有害的网络安全信息和行为。如图 5.3 所示，防火墙可以部署在企业网与因特网之间，也可以部署在企业内部不同安全级别的部门之间。

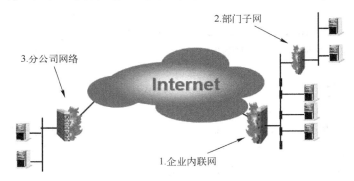

图 5.3　防火墙的不同部署地点

　　如图 5.4 所示，一般硬件防火墙有三条向外的连接线。一条连接到内网交换机上，一条连接外网的路由器上，还有一条连接到服务器区。

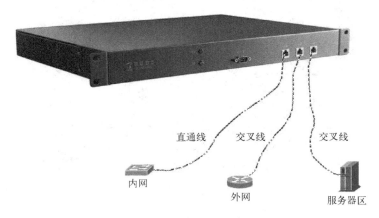

图 5.4　硬件防火墙的连线

防火墙一般需要具有如下性质：
- 只允许本地安全策略授权的通信信息通过。
- 双向通信信息必须通过防火墙。
- 防火墙本身不会影响正常信息的流通。

除了传统意义上的硬件防火墙以外，常见的还有计算机上安装的软件防火墙。

5.2　防火墙的作用与局限

　　防火墙并不是网络安全的万能药。下面介绍防火墙的作用及局限。

5.2.1　防火墙的作用

一般防火墙有 5 个主要作用。

（1）网络过滤。防火墙允许网络管理员定义一个中心"扼制点"来防止非法用户（如黑客、网络破坏者等）进入内部网络。禁止存在安全脆弱性的服务进出网络，并抗击来自各种路线的攻击。Internet 防火墙能够简化安全管理，网络安全性是在防火墙系统上得到加固的，而不是分布在内部网络的所有主机上。

（2）监视网络。在防火墙上可以很方便地监视网络的安全性，并产生报警。应该注意的是：对一个内部网络已经连接到 Internet 上的机构来说，重要的问题并不是网络是否会受到攻击，而是何时会受到攻击。网络管理员必须审计并记录所有通过防火墙的重要信息。如果网络管理员不能及时响应报警并审查常规记录，防火墙就形同虚设。在这种情况下，网络管理员永远不会知道防火墙是否受到攻击。

（3）部署网络地址变换（Network Address Translator，NAT）。防火墙可以作为部署 NAT 的逻辑地址。通过 NAT 技术，防火墙可以用来缓解地址空间短缺的问题，并消除单位在变换网络服务提供商时带来的重新编址的麻烦。

（4）审计和记录 Internet 使用流量。网络管理员可以在此向管理部门提供 Internet 连接的费用情况，查出潜在带宽瓶颈的位置，并能够根据机构的核算模式提供部门级的计费。

（5）向客户发布信息。防火墙是部署 WWW 服务器和 FTP 服务器的理想地点。还可以对防火墙进行配置，允许 Internet 访问上述服务，并禁止外部对受保护的内部网络上其他系统的访问。

5.2.2　防火墙的局限

防火墙不是解决所有网络安全问题的万能药方，只是网络安全政策和策略中的一个组成部分。

（1）防火墙不能防范绕过防火墙的攻击，例如，内部提供的拨号服务通过调制解调器（Modem）就可以绕过防火墙，如图 5.5 所示。

现在手机上网很方便。如果有人通过自己的手机热点在单位上网的话，这种情况下防火墙也是不能防范的。这是很危险的行为，最好在单位的上网管理制度中明确禁止。

（2）防火墙不能防范来自内部人员的恶意攻击。

（3）防火墙不能阻止被病毒感染的程序或文件的传递。

（4）防火墙不能防止数据驱动式攻击，如特洛伊木马。

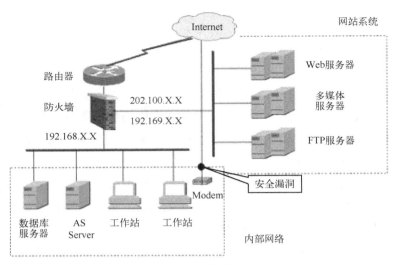

图 5.5 内部拨号上网

5.3 防火墙的技术实现

本小节主要介绍防火墙最常用的技术实现，主要包括包过滤防火墙、应用层代理防火墙、状态检测防火墙三种。

5.3.1 包过滤防火墙

包过滤防火墙是一种最简单的防火墙。如果没有特别说明，一般所说的防火墙指的都是这种包过滤防火墙。它在网络层截获网络数据包，根据防火墙的过滤规则来检测攻击行为，如图 5.6 所示。

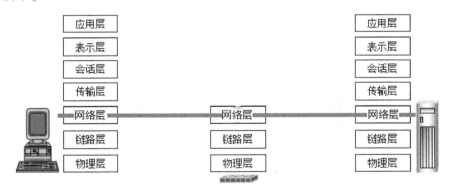

图 5.6 包过滤防火墙工作在网络层

包过滤防火墙一般作用在网络层（IP 层），故也称网络层防火墙（Network Level Firewall）或 IP 过滤器（IP filters）。数据包过滤（Packet Filtering）是指在网络层对数据包进行分析、选择。通过检查数据流中每一个数据包的源 IP 地址、目的 IP 地址、源端口号、目的端口号、协议类型等因素或它们的组合来确定是否允许该数据包通过。这种防火墙在网络层提供较低级别的安全防护和控制。早期，这种防火墙与路由器的作用是相同的，有时也叫包过滤路由器，如图 5.7 所示。

图 5.7　包过滤防火墙

数据包过滤是通过对数据包的 IP 头和 TCP 头或 UDP 头的检查来实现的，主要信息有：

- IP 源地址。
- IP 目标地址。
- 协议（TCP 包、UDP 包和 ICMP 包）。
- TCP 或 UDP 包的源端口。
- TCP 或 UDP 包的目标端口。
- ICMP 消息类型。
- TCP 包头部的 ACK 位。
- 数据包到达的端口。
- 数据包出去的端口。

在 TCP/IP 协议族中，存在着一些标准的服务端口号。例如，HTTP 的端口号固定为 80。通过屏蔽特定的端口就可以禁止特定的服务。包过滤防火墙可以阻塞内部主机和外部主机或另外一个网络之间的连接。例如，可以阻塞一些被视为有攻击性的或不可信的主机或网络连接到内部网络中。

1. 包过滤防火墙的优点

（1）速度快，性能高。

（2）对用户透明。

2. 包过滤防火墙的缺点

（1）维护比较困难（需要对 TCP/IP 有所了解）。

（2）安全性低（IP 欺骗等）。

（3）不提供有用的日志，或根本就不提供日志。

（4）不防范数据驱动型攻击。

（5）不能处理网络层以上的信息。

（6）无法对网络上流动的信息提供全面的控制。

5.3.2 应用层代理防火墙

应用层代理防火墙顾名思义就是用来给应用层程序或服务做代理的一类防火墙。代理（Proxy）服务是运行在防火墙主机上的专门的应用程序或者服务器程序，不允许通信服务直接经过外部网和内部网。它将所有跨越防火墙的网络通信链路分为两段。如图5.8所示为应用层代理防火墙工作的位置。

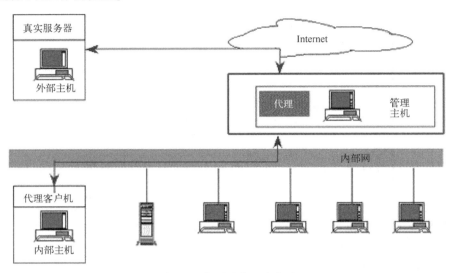

图 5.8 应用层代理防火墙

由于包过滤技术无法提供完善的数据保护方法，而且一些特殊的报文攻击仅使用过滤的方法并不能消除危害（如 SYN 攻击、ICMP 洪水等）。为了解决这个问题，代理防火墙应运而生。这种防火墙实际上就是一台小型的带有数据检测过滤功能的透明代理服务器，但是它并不是单纯地在一个代理设备中嵌入包过滤技术，而是利用一种被称为"应用协议分析"的新技术，它工作在 OSI 模型的最高层，即应用层。

防火墙内外计算机系统间应用层的"链接"，由两个终端代理服务器上的"链接"来实现。外部计算机的网络链路只能到达代理服务器，从而起到了隔离防火墙内外计算机系统的作用。应用层代理只对应用层的协议和服务（如 FTP、HTTP、SMTP 等）进行过滤，如图5.9所示。

应用代理是一种应用程序，它运行于两个网络之间的防火墙系统中。当客户程序向目标服务建立了连接时，它就已经连接到一个应用网关或代理。接着，该客户将和代理服务器进行沟通，以取得与目标服务的通信。代理服务器可以连接到防火墙后的目标并代表该客户，这样就可以隐藏并保护防火墙后的个人计算机。这个过程中建立了两条连接：一条介于客户机和代理服务器之间，另一条介于代理服务器和目标主机之间，如图5.10所示。

1. 应用层代理防火墙的优点

（1）应用层代理防火墙能够让网络管理员对服务进行全面的控制，因为代理应用限制了命令集并决定哪些内部主机可以被该服务访问。

（2）网络管理员可以完全控制提供哪些服务，因为没有特定服务的代理就表示该服务

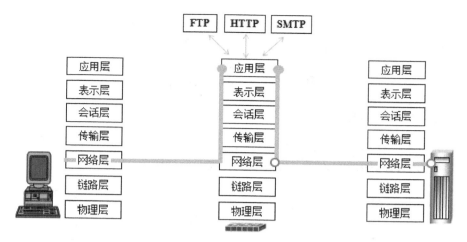

图 5.9　应用代理防火墙工作的位置

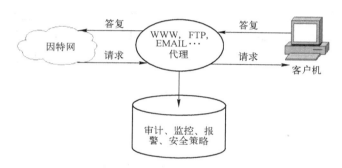

图 5.10　代理不同的服务

不提供。

（3）防火墙可以被配置成唯一的可被外部看见的主机，这样可以保护内部主机免受外部主机的进攻。

（4）应用层代理有能力支持可靠的用户认证并提供详细的注册信息。另外，用于应用层的过滤规则相对于包过滤防火墙来说更容易配置和测试。

（5）代理工作在客户机和真实服务器之间，完全控制会话，所以可以提供很详细的日志和安全审计功能。

2. 应用层代理防火墙的缺点

（1）代理的最大缺点是要求用户改变自己的行为，或者在访问代理服务的每个系统上安装特殊的软件。比如，通过应用层代理进行 Telnet 访问时，要求用户通过两步而不是一步来建立连接。不过，特殊的终端系统软件可以让用户在 Telnet 命令中指定目标主机，而不是应用层代理来使应用层代理透明。

（2）每个应用程序都必须有一个代理服务程序来进行安全控制，每一种应用升级时，一般代理服务程序也要升级。

与应用层代理相似的还有电路级代理。应用层代理主要是代理服务向特定应用提供的代理，它在应用协议中理解并解释命令。应用层代理对特定服务的代理就像是二手房经销商对买卖房屋的代理是一样的。应用层代理的优点是它能解释应用协议，从而获得更多的信息，缺点是只适用于单一协议。电路级代理是在客户和服务器之间不解释应用协议即建立回路。电路级代理的优点在于它能对各种不同的协议提供服务，缺点在于它对因代理而发生的情况几乎不加控制。由于电路级代理用得不多，这里就不再详细描述。

5.3.3　状态检测防火墙

状态检测防火墙技术主要是在进行包过滤的同时，检察数据包之间的关联性和数据包中动态变化的状态码，从而判断数据包当中有没有攻击，如图 5.11 所示。

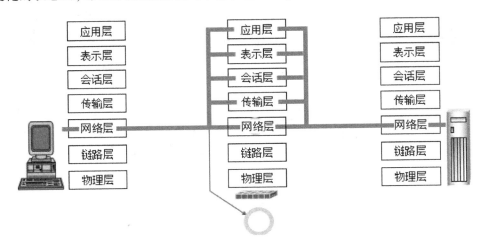

图 5.11　状态检测防火墙工作示意图

状态检测防火墙是继"包过滤"技术和"应用代理"技术后发展起来的防火墙技术。它通过采用一种称为"状态监视"的模块，实现对网络通信各个层次的监测，并根据各种过滤规则做出安全策略。"安全监视"技术在保留了对每个数据包的头部、协议、地址、端口、类型等信息进行分析的基础上，进一步发展了"会话过滤"功能，在每个连接建立时，防护墙会对这个连接构造一个会话状态，里面包含了这个连接数据包的所有信息，以后这个连接都会基于这个状态信息来进行。

状态检测防火墙有一个监测引擎，它是一个在网关上执行网络安全策略的软件模块。监测引擎采用抽取有关数据的方法对网络通信的各层实施监测，抽取状态信息，并将它们动态地保存起来作为以后执行安全策略的参考。

在用户访问请求到达网关的操作系统前，状态监视器要抽取有关数据进行分析，结合网络配置和安全规定做出接纳、拒绝、身份认证、报警或给该通信加密等处理动作。

1. 状态检测防火墙的优点

（1）安全性较好。状态检测防火墙工作在数据链路层和网络层之间，它从这里截取数据包，因为数据链路层是网卡工作的真正位置，网络层是协议栈的第一层，这样就确保了防火墙能够截取和监测所有通过网络的原始数据包。防火墙在截取到数据包之后就开始处理它们。首先，根据安全策略从数据包中提取有用信息，保存在内存中；然后，将相关信息组合起来，进行一些逻辑或数学运算，获得相应的结论，进行相应的操作，如允许数据包通过、拒绝数据包、认证连接、加密数据等。状态检测防火墙虽然工作在协议栈的较底层，但它却可以检测所有数据包的内容，并从中提取有用信息，如 IP 地址、端口号等，这样安全性得到了很大的提高。

（2）性能高效。状态检测防火墙工作在协议栈的较底层，通过防火墙的所有的数据包都在底层处理，而不需要协议栈的上层处理任何数据包，这样减少了高层协议头的开销，执行效率提高很多；另外，在这种防火墙中一旦一个连接建立起来，就不用再对这个连接做更多工作，系统可以去处理别的连接，执行效率明显提高。

（3）扩展性好。状态检测防火墙不像应用网关式防火墙那样，每一个应用都要对应一个服务程序，这样所能提供的服务是有限的，而且当增加一个新的服务时，必须为新的服务开发相应的服务程序，这样系统的可扩展性就会降低。状态检测防火墙不区分每个具体的应用，只是根据从数据包中提取出的信息、对应的安全策略及过滤规则来处理数据包，当有一个新的应用时，它能动态产生新的规则，而不用另外编写代码，所以具有很好的伸缩性和扩展性。

（4）配置方便，应用范围广。状态检测防火墙不仅支持基于 TCP 的应用，而且支持基于无连接协议的应用，如 RPC、基于 UDP 的应用（DNS、WAIS、Archie 等）。对于无连接的协议，连接请求和应答没有区别，包过滤防火墙和应用网关对此类应用要么不支持，要么开放一个大范围的 UDP 端口，这样就暴露了内部网，从而降低了安全性。状态检测防火墙实现了基于 UDP 应用的安全，通过在 UDP 通信之上保持一个虚拟连接来实现。防火墙保存通过网关的每一个连接的状态信息，允许穿过防火墙的 UDP 请求包被记录，当 UDP 包在相反方向上通过时，依据连接状态表确定该 UDP 包是否被授权，若已被授权，则通过，否则拒绝。如果在指定的一段时间内响应数据包没有到达，连接超时，则该连接被阻塞，这样所有的攻击都会被阻塞。状态检测防火墙可以控制无效连接的连接时间，避免大量的无效连接占用过多的网络资源，可以很好地降低 DoS 和 DDoS 攻击的风险。状态检测防火墙也支持RPC，因为对于 RPC 服务来说，其端口号是不定的，因此仅跟踪端口号是不能实现该种服务的安全的，状态检测防火墙通过动态端口映射图记录端口号，为验证该连接还会保存连接状态、程序号等，通过动态端口映射图来实现此类应用的安全。

2. 状态检测防火墙缺点

（1）无法过滤垃圾邮件、广告以及木马程序等。状态检测防火墙虽然继承了包过滤防火墙和应用网关防火墙的优点，克服了它们的缺点，但它仍只是检测数据包的第三层信息，无法彻底识别数据包中大量的垃圾邮件、广告以及木马程序等。

（2）由于检测的内容比较多，因此防火墙的性能不高。

（3）配置比较复杂。

5.4　常见防火墙的体系结构

防火墙的体系结构主要包括包过滤结构、双重宿主主机体系结构、屏蔽主机体系结构、屏蔽子网结构以及其他体系结构。

5.4.1 包过滤结构防火墙

这种体系结构的防火墙其实就是一个包过滤防火墙，如图 5.12 所示。

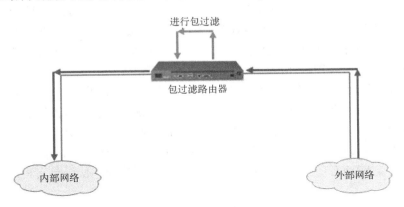

图 5.12 包过滤结构防火墙

包过滤结构防火墙处理数据包的速度较快（与代理服务器相比），用它实现包过滤几乎不再需要多大的资源，而且包过滤路由器对用户和应用来说是透明的。

但是这种结构的防火墙维护起来比较困难。任何直接经过路由器的数据包都有被用作数据驱动式攻击的潜在危险，一些包过滤路由器不支持有效的用户认证，仅通过 IP 地址来判断是不安全的，所以安全性不是很高。它不能提供有用的日志或者根本不能提供日志。随着过滤器数目的增加，防火墙的吞吐量会下降。之后它可能无法对网络上流动的信息提供全面的控制。

5.4.2 双重宿主主机体系结构防火墙

双重宿主主机体系结构是围绕双重宿主主机构筑的，如图 5.13 所示。双重宿主主机至少有两个网络接口，它位于内部网络和外部网络之间，这样的主机可以充当与这些接口相连的网络之间的路由器，它能从一个网络接收 IP 数据包并将之发往另一网络。

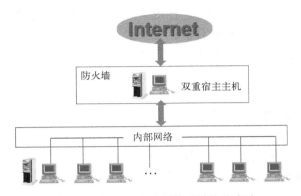

图 5.13 双重宿主主机体系结构防火墙

实现双重宿主主机的防火墙体系完全阻止了内外网络之间的 IP 通信。因此 IP 数据包并不是从一个网络（如外部网络）直接发送到另一个网络（如内部网络）。外部网络能与双重宿主主机通信，内部网络也能与双重宿主主机通信。但是外部网络与内部网络不能直接通信，它们之间的通信必须经过双重宿主主机的过滤和控制。两个网络之间的通信可通过应用层数据共享和应用层代理服务的方式实现。一般情况下采用代理服务的方法，如图 5.14 所示。

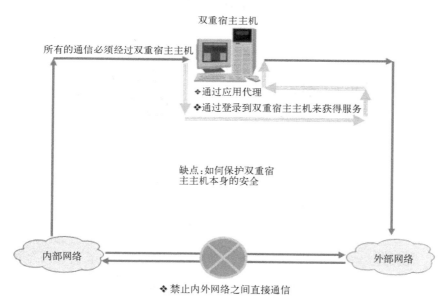

图 5.14　双重宿主主机通信过程

双重宿主主机防火墙可以将被保护的网络内部结构屏蔽起来，增强网络的安全性，也可用于实施较强的数据流监控、过滤、记录和报告等。

这种结构防火墙的缺点是访问速度慢，提供的服务相对滞后或者无法提供。双重宿主主机是隔开内外网络的唯一屏障，一旦它被入侵，内部网络便向入侵者敞开大门。

5.4.3　屏蔽主机体系结构防火墙

上面介绍的双重宿主主机体系结构防火墙没有使用路由器，而被屏蔽主机体系结构防火墙则使用一个路由器把内部网络和外部网络隔离开，如图 5.15 所示。

屏蔽主机体系结构由包过滤防火墙和内部网络的堡垒主机（应用层代理）承担安全责任。一般这种包过滤防火墙较简单，可能就是简单的路由器。它的典型构成是：包过滤路由器+堡垒主机。如图 5.16 所示为屏蔽主机防火墙连接图。

将包过滤路由器配置在内部网和外部网之间，保证外部系统对内部网络的操作只能经过堡垒主机。将堡垒主机配置在内部网络上，它是外部网络主机连接到内部网络主机的桥梁，因此需要拥有高等级的安全。

屏蔽路由器可按如下规则之一进行配置：

- 允许内部主机为了某些服务请求与外部网上的主机建立直接连接（即允许那些经过数据包过滤的服务）。

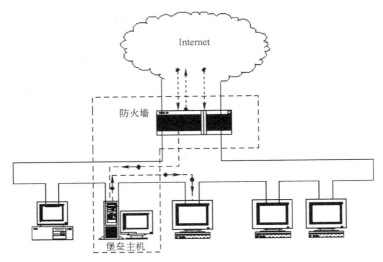

图 5.15　屏蔽主机防火墙逻辑图

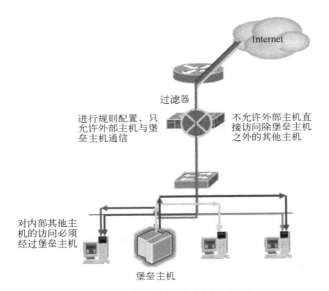

图 5.16　屏蔽主机防火墙连接图

● 不允许所有来自外部主机的直接连接（强迫那些主机经由堡垒主机使用代理服务）。

这种体系结构的防火墙安全性更高。因为它有双重保护：实现了网络层安全（包过滤）和应用层安全（代理服务）。过滤路由器能否正确配置是安全与否的关键，如果路由器被损害，堡垒主机将被穿过，整个网络对入侵者是开放的。

5.4.4　屏蔽子网结构防火墙

屏蔽子网就是在内部网络和外部网络之间建立一个被隔离的子网，用两台分组过滤路由器（或叫包过滤防火墙）将这一子网分别与内部网络和外部网络分开。如图 5.17 所示为屏蔽子网结构防火墙。

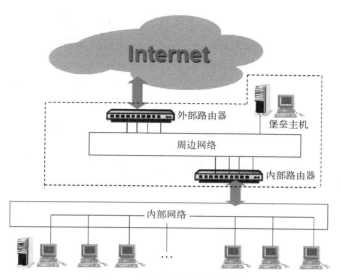

图 5.17　屏蔽子网结构防火墙

在实现中，两个分组过滤路由器放在子网的两端，内部网络和外部网络均可访问被屏蔽子网，但禁止它们穿过被屏蔽子网通信。有的屏蔽子网中还设有一个堡垒主机作为唯一可访问点，支持终端交互或作为应用网关代理。这种配置的危险地带仅包括堡垒主机、子网主机及所有连接内网、外网和屏蔽子网的路由器。如果攻击者试图完全破坏防火墙，他必须突破两个包过滤防火墙和一个堡垒主机，既不能切断连接又不能把自己锁在外面，同时还不能使自己被发现，这样的可能性很小。但若禁止网络访问路由器或只允许内网中的某些主机访问它，则攻击会变得更加困难。在这种情况下，攻击者得先侵入堡垒主机，然后进入内网主机，再返回来破坏屏蔽路由器，并且整个过程中都不能引发警报。这种结构防火墙的主机组成部分功能如下。

1. 周边网络

这种结构中周边网络是一个防护层，在其上可放置一些信息服务器，它们是牺牲主机，可能会受到攻击，因此又被称为非军事区（Demilitarized Zone，DMZ）。周边网络的作用是即使堡垒主机被入侵者控制，它仍可阻止入侵者对内部网的侦听。

2. 堡垒主机

堡垒主机位于周边网络，是整个防御体系的核心。堡垒主机可被认为是应用层网关，可以运行各种代理服务程序。对于出站服务不一定要求所有的服务都经过堡垒主机代理，但对于入站服务应要求所有服务都通过堡垒主机。

3. 外部路由器（访问路由器）

外部路由器的作用是保护周边网络和内部网络不受外部网络的侵犯。它可以把入站的数据包路由到堡垒主机。为了防止部分 IP 欺骗，它可以分辨出数据包是否真正来自周边网络，而内部路由器则无法做到。

4. 内部路由器（阻塞路由器）

内部路由器的作用是保护内部网络不受外部网络和周边网络的侵害，它执行大部分过滤工作。外部路由器一般与内部路由器应用相同的规则。

屏蔽子网结构防火墙的主要优点是安全性高。若攻击者试图破坏防火墙，他必须重新配置连接三个网的路由，既不能切断连接，同时又不能使自己被发现，难度系数高。

这种体系结构防火墙的主要缺点如下。

（1）不能防御内部攻击，来自内部的攻击者是从网络内部发起攻击的，他们的所有攻击行为都不通过防火墙。

（2）不能防御绕过防火墙的攻击。如内部有人通过手机热点或拨号等方式上网引起的攻击。

（3）不能防御新的威胁：防火墙只能被用来防备已知的威胁。

（4）不能防御数据驱动的攻击：防火墙不能防御基于数据驱动的攻击。

5.5 常见防火墙的性能指标

在选购防火墙的时候，对防火墙的性能指标要有要求和比较。本小节介绍防火墙的几个主要性能指标。

1. 最大位转发率

防火墙的位转发率是指在特定负载下，每秒钟防火墙将允许的数据流转发至正确的目的接口的位数。最大位转发率是指在不同的负载下，反复测量得出的位转发率数值中的最大值。

2. 吞吐量

吞吐量即在防火墙不丢包的情况下所能够达到的最大包转发速率。吞吐量是衡量防火墙性能的重要指标之一，吞吐量小就会造成网络新的瓶颈，以致影响到整个网络的性能。

3. 时延

防火墙时延是指从防火墙入口处输入帧的最后一位到达至出口处输出帧的第一位输出所用的时间间隔。防火墙的时延能够体现它处理数据的速度。

4. 丢包率

在连续负载的情况下，防火墙设备由于资源不足应转发但未转发的帧百分比。防火墙的丢包率对其稳定性、可靠性有很大的影响。

5. 缓冲

防火墙从空闲状态开始，以达到传输介质最小合法间隔极限的传输速率发送相当数量的固定长度的帧，当出现第一个帧丢失时，发送的帧数。这个指标能体现出被测防火墙的缓冲容量，网络上经常有一些应用会产生大量的突发数据包（如 NFS、备份、路由更新等），而且这样的数据包的丢失可能会产生更多的数据包，强大的缓冲能力可以减小这种突发对网络造成的影响。

5.6 防火墙的网络地址转换功能

网络地址转换（Network Address Translation，NAT）是防火墙的一个非常重要的功能。在当前网络 IPv4 地址不够用的条件下，它主要解决的问题是如何将企业内部非法⊖的网络地

⊖ 相对于公网 IP 来说，这些企业内部的 IP 在外部是不能用的，因此是非法的。

址转为外网合法的网站地址，以及如何将外网合法的网站地址转为企业内部非法的网络地址的问题，如图 5.18 所示。

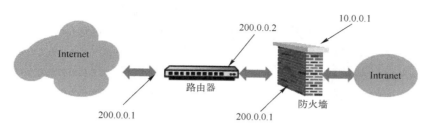

图 5.18　防火墙上实现网络地址转换

在计算器网络中，网络地址转换是一种在 IP 数据包通过路由器或防火墙时重写来源 IP 地址或目的 IP 地址的技术。这种技术普遍用在有多台主机但只通过一个公有 IP 地址访问因特网的私有网络中，它是一种方便且得到了广泛应用的技术。当然，网络地址转换也让主机之间的通信变得复杂，导致通信效率的降低。

网络地址转换器就是在防火墙上装一个合法的 IP 地址集。当内部某一用户要访问 Internet 时，防火墙会动态地从地址集中选一个未分配的地址分配给该用户。

同时，对于内部的某些服务器（如 Web 服务器），网络地址转换器允许为其分配一个固定的合法地址。这样做的好处是缓解了 IP 地址匮乏的问题，并且对外隐藏了内部主机的 IP 地址，提高了安全性。

20 世纪 90 年代中期，为了解决 IPv4 地址短缺的问题，网络地址转换作为一种方案而流行起来。网络地址转换在很多国家广泛使用，所以网络地址转换就成了家庭和小型办公室网络连接上的路由器的一个标准特征，因为申请独立的 IP 地址的代价要高于所带来的效益。

网络地址转换有三种类型：静态网络地址转换、动态网络地址转换与网络地址端口转换。其中，网络地址端口转换（Network Address Port Translation，NAPT）是把内部地址映射到外部网络的一个 IP 地址的不同端口上。它可以将中小型的网络隐藏在一个合法的 IP 地址后面。与动态网络地址转换不同，网络地址端口转换将内部连接映射到外部网络中的一个单独的 IP 地址上，同时在该地址上加上一个由网络地址转换设备选定的端口号，如图 5.19 所示。

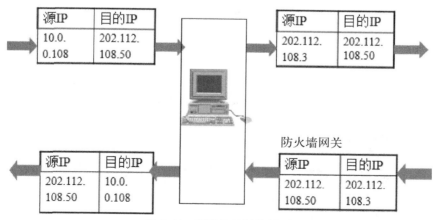

图 5.19　网络地址转换原理

网络地址端口转换是使用最普遍的一种转换方式，它又包含两种转换方式：源地址转换和目的地址转换。

（1）源地址转换（Source NAT，SNAT）：修改数据包的源地址。源地址转换改变第一个数据包的来源地址，它永远会在数据包发送到网络之前完成，数据包伪装就是一个源地址转换的例子。

（2）目的地址转换（Destination NAT，DNAT）：修改数据包的目的地址。目的地址转换刚好与源地址转换相反，它是改变第一个数据的目的地址，如平衡负载、端口转发和透明代理就属于目的地址转换。

5.7 防火墙新技术

随着防火墙的发展，出现了许多新的防火墙技术，如核检测防火墙、分布式防火墙等。本小节主要概述分布式防火墙。

5.7.1 分布式防火墙简介

传统防火墙由于通常在网络边界"站岗"，因此又名边界防火墙，如果说传统防火墙对于来自外部网的攻击还算得上是个称职的卫士的话，那么对于80%来自内部网的攻击或越权访问而言，就显得心有余而力不足了。为此一种新兴的防火墙技术——分布式防火墙（Distributed Firewalls）诞生了，其专长就在于堵住内部网的漏洞。如图5.20所示为天网分布式防火墙示意图。

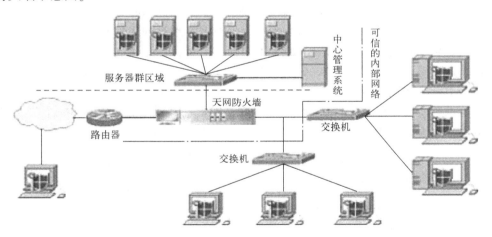

图5.20 天网分布式防火墙

5.7.2 传统防火墙的局限

随着信息技术的发展，传统防火墙暴露了许多局限，主要如下。

（1）结构性上受限制。边界防火墙的工作机理依赖于网络的物理拓扑结构，但随着越来越多的企业利用互联网构建自己的跨地区网络（例如家庭移动办公和服务器托管越来越普遍），所谓内部企业网已经变成一个逻辑上的概念。另一方面，电子商务的应用要求商务伙伴之间在一定权限下可以进入彼此的内部网络，所以说，企业网的边界已经是一个逻辑的边界，物理的边界日趋模糊，边界防火墙的应用受到了愈来愈多的结构性限制。

（2）内部不够安全。边界防火墙设置安全策略的一个基本假设是：网络的一边即外部的所有人是不可信任的，而另一边即内部的所有人是可信任的。但在实际环境中，80%的攻击和越权访问却是来自内部，也就是说，边界防火墙在对付网络安全的主要威胁时束手无策。

（3）效率不高、故障点多。边界防火墙把检查机制集中在网络边界的单点，造成了网络访问的瓶颈问题，这也是目前防火墙用户在选择防火墙产品时不得不首先考察其检测效率，而把安全机制放在其次的原因。

边界防火墙厂商也在不遗余力地提高防火墙的单机处理能力，甚至采用防火墙集群技术来解决边界防火墙固有的结构性问题；此外，安全策略的复杂性也使效率问题雪上加霜，对边界防火墙来说，针对不同的应用和多样的系统要求，不得不经常在效率和可能冲突的安全策略之间权衡利害以取得折中方案，从而产生了许多策略性的安全隐患；最后，边界防火墙本身也存在着单点故障危险，一旦出现问题或被攻克，整个内部网络将会完全暴露在外部攻击者面前。

5.7.3　分布式防火墙的组成

针对传统边界防火墙的缺欠，专家提出分布式防火墙的概念。从狭义和与边界防火墙产品对应的角度来讲，分布式防火墙产品是指那些驻留在网络主机（如服务器或桌面机）中并对主机系统自身提供安全防护的软件产品；从广义来讲，分布式防火墙是一种新的防火墙体系结构，它包含网络防火墙、主机防火墙、中心管理软件。

（1）网络防火墙。用于内部网与外部网之间（即传统的边界防火墙）以及内部子网之间的防护产品，后者区别于前者的一个特征是需要支持内部网可能有的 IP 和非 IP 协议。

（2）主机防火墙。对网络中的服务器和桌面机进行防护，这些主机的物理位置可能在内部网中，也可能在内部网外，如托管服务器或移动办公的笔记本计算机。

（3）中心管理软件。边界防火墙只是网络中的单一设备，管理是局部的。对分布式防火墙来说，每个防火墙作为安全监测机制可以根据安全性的不同要求布置在网络中任何需要的位置上，但总体安全策略又是统一策划和管理的，安全策略的分发及日志的汇总都是中心管理软件应具备的功能。中心管理软件是分布式防火墙系统的核心和重要特征之一。

5.7.4　主机防火墙

为了对分布式防火墙的概念有深入了解，接下来从如下几个角度重点介绍一下分布式防火墙中最具特色的主机防火墙。

（1）主机驻留。主机防火墙的重要特征是驻留在被保护的主机上，该主机以外的网络，无论是处在内部网还是外部网都被认为是不可信任的，因此可以针对该主机上运行的具体应用和对外提供的服务设定针对性很强的安全策略。

主机防火墙对分布式防火墙体系结构的突出贡献是，使安全策略不仅停留在网络与网络之间，而是延伸到每个网络末端。

（2）嵌入操作系统内核。由于操作系统自身存在许多安全漏洞，运行在其上的应用软件无一不会受到威胁。主机防火墙也运行在该主机上，所以其运行机制是主机防火墙的关键技术之一。为了自身的安全和彻底堵住操作系统的漏洞，主机防火墙的安全监测核心引擎要以嵌入操作系统内核的形态运行，直接接管网卡，把所有数据包进行检查后再提交操作系统。

嵌入式防火墙驻留在操作系统的最底层——在主机的以太网络接口与所有网络协议栈（如TCP/IP、NetBEUI、IPX等）之间，这个位置可以有效地关闭各种有可能出现的系统后门，拦截任何未经允许的网络连接，并且采取相应的处理措施。

（3）类似于个人防火墙。针对桌面应用的主机防火墙与个人防火墙有相似之处，如它们都对应个人系统，但其差别又是本质性的。

首先，它们的管理方式迥然不同，个人防火墙的安全策略由系统使用者自己设置，目标是防范外部攻击，而针对桌面应用的主机防火墙的安全策略则是由整个系统的管理员统一安排和设置，除了对该桌面机起到保护作用外，也可以对该桌面机的对外访问加以控制，并且这种安全机制是桌面机的使用者不可见和不可改动的。

其次，不同于个人防火墙面向个人用户，针对桌面应用的主机防火墙是面向企业级客户的，它与分布式防火墙的其他产品共同构成一个企业级应用方案，形成一个"安全策略中心统一管理、安全检查机制分散布置"的分布式防火墙体系结构。

（4）适用于托管服务器。互联网和电子商务的发展促进了互联网数据中心的迅速崛起，其主要业务之一就是服务器托管服务。对服务器托管用户而言，该服务器逻辑上是其企业网的一部分，只不过物理上不在企业内部。对于这种应用，边界防火墙解决方案就显得比较差强人意，而针对服务器的主机防火墙解决方案则是它的一个典型应用。用户只需在该服务器上安装主机防火墙软件，并根据该服务器的应用来设置安全策略即可，并可以利用中心管理软件对该服务器进行远程监控，不需要租用任何额外的空间来放置边界防火墙。

5.7.5 分布式防火墙的优点

总结起来，分布式防火墙具有如下优点。

1. 系统更加安全

分布式防火墙增加了针对主机的入侵监测和防护功能，加强了对来自内部攻击的防范，可以实施全方位的安全策略，提供了多层次立体的防范体系。

2. 提高了系统性能

由于消除了结构性瓶颈问题，系统性能自然得到了提高。

3. 随着系统扩充提供了安全防护无限扩充的能力

因为分布式防火墙分布在整个企业的网络或服务器中，所以它具有无限的扩展能力。随着网络的增长，它们的处理负荷也在网络中进一步分布，因此它们的高性能可以保持，而不会像边界式防火墙一样随着网络规模的增大而不堪重负。

4. 应用更为广泛，支持VPN通信

分布式防火墙最重要的优势在于，它能够保护那些物理拓扑上不属于内部网络，但逻辑上又位于"内部"网络的主机，这种需求随着VPN的发展越来越多。对这个问题的传统处理方法是将远程"内部"主机和外部主机的通信依然通过防火墙隔离来控制接入，而远程"内部"主机和防火墙之间采用"隧道"技术保证安全，这种方法使原本可以直接通信的双方必须绕经防火墙，不仅效率低而且增加了防火墙过滤规则设置的难度。与之相反，分布式防火墙的建立本身就是基本逻辑网络的概念，因此对它而言，远程"内部"主机与物理上的内部主机没有任何区别，它从根本上防止了原本可以直接通信的双方必须绕经防火墙的情况的发生。

思考题

1. 防火墙的作用有哪些？
2. 防火墙有哪些局限？
3. 包过滤防火墙的优点和缺点分别有哪些？
4. 应用层代理防火墙的优点和缺点分别有哪些？
5. 状态检测防火墙的优点和缺点分别有哪些？
6. 什么是防火墙的 DMZ 区？
7. 防火墙都有哪些性能指标？
8. 防火墙是如何实现网络地址转换功能的？
9. 分布式防火墙有哪些优点？

第6章 入侵检测技术

本章从入侵检测的概述出发，讲述了入侵检测的定义、发展历史、任务、功能、模型、分类，以及入侵检测系统未来的发展方向。通过本章的学习，能够全面地了解入侵检测系统。

6.1 入侵检测技术概述

本小节主要介绍了入侵检测的定义、发展历史、任务、功能和入侵检测的过程，通过本小节的学习，可以对入侵检测系统有一个大概的认识。

6.1.1 入侵检测的定义

入侵检测可以被定义为对计算机和网络系统资源的恶意使用行为进行识别和相应处理的技术。恶意行为包括系统外部的入侵和内部用户的非授权行为。入侵检测是为保证计算机系统的安全而设计与配置的、一种能够及时发现并报告系统中未授权或异常现象的技术，是一种用于检测计算机网络中违反安全策略行为的技术。进行入侵检测的软件与硬件的组合便是入侵检测系统（Intrusion Detection System，IDS）。

传统入侵检测系统的部署如图 6.1 所示。它部署在防火墙之后，连接到交换机上，从而对整个内部网络的数据进行监控。这是目前大多数入侵检测系统的部署方式。

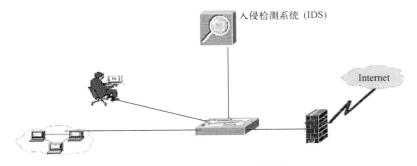

图 6.1　入侵检测系统的部署

6.1.2 入侵检测的发展历史

入侵检测最早是由 James P. Anderson 于 1980 年提出的。在 James 提出"入侵检测"概念之后的四十年里，许多学者和研究机构在入侵检测领域做了大量的研究，提出了基于不同思想的入侵检测方法。斯坦福研究中心在 1986 年第一次提出了一种入侵检测通用模型，并且开发了一个能够实时检测的入侵检测系统。

1984 年到 1986 年乔治敦大学的 Dorothy Denning 和 SRI 公司计算机科学实验室的 Peter Neumann 研究出了一个实时入侵检测系统模型——入侵检测专家系统（Intrusion Detection

Expert Systems，IDES），这是第一个在一个应用中运用了统计和基于规则两种技术的系统，也是入侵检测研究中最有影响的一个系统。1989 年，加州大学戴维斯分校的 Todd Heberlein 写了一篇论文 "A Network Security Monitor"，提出了一种用于捕获 TCP/IP 分组的监控器，第一次直接将网络流作为审计数据来源，因而可以在不将审计数据转换成统一格式的情况下监控外部主机，网络入侵检测从此诞生。

早期的入侵检测是建立在专家的经验之上的，由一些经验丰富的专家对已知的网络攻击提取特征，建立攻击网络入侵特征数据库，然后从网络上抓取数据，将这些数据抽取特征后与入侵特征数据库进行匹配。如果匹配成功，则判定存在入侵行为；否则，判定为合法的访问数据。这种方法在早期可以比较有效地实现入侵检测的效果，但是随着计算机和网络的发展，越来越多的网络入侵技术开始出现，这种基于专家经验的方法已经很难有效地覆盖网络入侵种类，于是许多入侵检测方法如雨后春笋一般被提了出来，包括基于免疫的入侵检测、基于神经网络的入侵检测、基于机器学习的入侵检测等。

6.1.3 入侵检测的任务

入侵检测系统通过执行以下任务来实现其功能：
（1）监视、分析用户及系统活动。
（2）对系统的构造和弱点进行审计。
（3）识别和反映已知进攻的活动模式，并向安全管理员报警。
（4）对系统异常行为进行统计分析。
（5）评估重要系统和数据文件的完整性。
（6）对操作系统进行审计跟踪管理，并识别用户违反安全策略的行为。

6.1.4 入侵检测的功能

入侵检测系统的主要功能如下：
（1）监视用户和网络信息系统的活动，查找非法用户和合法用户的越权操作。
（2）审计系统配置的正确性和安全漏洞，并提示管理员修补漏洞。
（3）对用户的非正常活动进行统计分析，发现入侵行为的规律。
（4）检查系统程序和数据的一致性与正确性。
（5）能够实时地对检测到的入侵行为进行反应。
（6）对操作系统进行审计、跟踪、管理。

6.1.5 入侵检测的过程

入侵检测过程可以分为三个步骤：信息收集、信息分析和结果处理，如图 6.2 所示。

图 6.2　入侵检测的过程

1. 信息收集

入侵检测的第一步是收集信息。收集的内容主要包括系统、网络、数据及用户活动的状态和行为。由放置在不同网段的传感器或不同主机的代理（Agent）来收集信息，包括系统和网络日志文件、网络流量、非正常的目录和文件改变、非正常的程序执行。

2. 信息分析

系统在收集到有关系统、网络、数据及用户活动的状态和行为等信息后，将它们送到入侵检测引擎。检测引擎一般通过三种技术手段进行分析：模式匹配、统计分析和完整性分析。当检测到某种入侵时，就会产生一个告警并发送给入侵检测系统控制台。

3. 结果处理

入侵检测系统控制台按照告警产生预先定义的响应并采取相应措施。可以是重新配置路由器或防火墙、终止进程、切断连接、改变文件属性，也可以只是简单地告警给系统管理员。

6.2 入侵检测模型

入侵检测模型按照组织方式可以分为三种，分别是集中式、层次式和集成式。在每个阶段，研究者都研究出了相应的入侵检测模型。在集中式阶段研究出了通用入侵检测模型，在层次式阶段研究出了层次入侵检测模型，在集成式阶段研究出了管理式入侵检测模型。这些模型各有优缺点。

1. 通用入侵检测模型

1986 年，Denning 提出了经典的通用入侵检测模型，如图 6.3 所示。这是一个定性的集中式入侵检测系统。这个模型首次将入侵检测的概念作为一种计算机系统的安全防御措施提出。该模型由 6 个部分组成：主体、对象、审计记录、轮廓特征、异常记录和规则集处理引擎，它独立于特定的系统平台、应用环境、系统弱点以及入侵类型，为构建入侵检测系统提供了一个通用的框架。

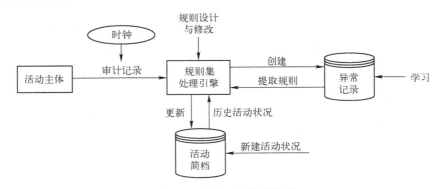

图 6.3　通用入侵检测模型

2. 层次式入侵检测模型

层次式入侵模型将入侵检测系统分为 6 个部分，依次是数据层、事件层、主体层、上下文层、威胁层、安全状态层。数据层包含了操作系统的行为记录、监控器的监视结果和第三方统计软件提供的流量。事件层的事件包含了所有数据层所描述的行为记录和数据流量。主体层的作用是用来记录网络中的人员。上下文层用来描述网络行为发生的环境，事件上下文使得可以对多个事件进行相关性入侵检测。对象在威胁层会根据抽象特征被分成三类：攻击、误用和可疑。攻击表明已经有入侵者入侵到系统中，误用表明系统内部工作人员越权操作网络，可疑则表示不能确定异常行为是否是攻击行为。层次化模型使用 1 至 100 之间的某个数字来表示目前系统的安全等级，数字越小表示越安全。

3. 管理式入侵检测模型

管理式入侵检测模型英文名称是 Simple Network Management Protocol Intrusion Detection Systems Management，SNMP-IDSM），该模型主要解决了多个入侵检测系统如何交流的问题，SNMP 是一种简单的网络管理协议，它可以作为公共语言被用来在入侵检测系统之间传递消息和网络状态。在管理式入侵检测模型中，入侵行为被分为原始行为和抽象行为，用这两种行为去描述一个攻击事件。

图 6.4 给出了 SNMP-IDSM 的工作原理。当 IDSA 检测到来自主机 B 的攻击意图时，会给 IDSB 发送一段代码，用于获取主机 B 的网络活动和用户行为相关的信息，IDSA 通过分析代码传过来的信息来判断 B 是否会发动攻击。

图 6.4　SNMP-IDSM 工作原理

6.3　入侵检测系统的分类

本小节按照入侵检测系统不同的分类方法，介绍各种入侵检测系统。

6.3.1　根据各个模块运行的分布方式分类

根据系统各个模块运行的分布方式不同，可以将入侵检测系统分为集中式和分布式两类。

1. 集中式入侵检测系统

集中式入侵检测系统的各个模块包括信息的收集和数据的分析以及响应单元都在一台主机上运行，这种方式适用于网络环境比较简单的情况。

2. 分布式入侵检测系统（Distributed Intrusion Detection System，DIDS）

分布式入侵检测系统是指系统的各个模块分布在网络中不同的计算机和设备上。分布性主要体现在数据收集模块上。如果网络环境比较复杂，或者数据流量较大，那么数据分析模块也会分布，并按照层次性的原则进行组织。如图 6.5 所示为分布式入侵检测系统的工作原理图。

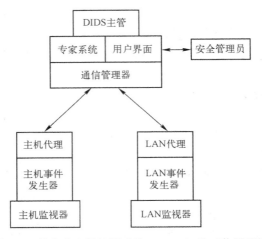

图 6.5 分布式入侵检测系统（DIDS）的工作原理图

6.3.2 根据检测对象分类

根据检测对象分类，可以将入侵检测系统分为以下几类。

1. 基于主机的入侵检测系统

基于主机的入侵检测系统分析的主要数据包括计算机操作系统的事件日志、应用程序的事件日志、系统调用、端口调用和安全审计记录。基于主机的入侵检测系统保护的一般是所在的主机系统。基于主机的入侵检测系统是由代理（Agent）来实现的，代理是运行在目标主机上的小程序，它们可以参与入侵检测系统命令控制台的管理。如图 6.6 所示为基于主机的入侵检测系统流程图。

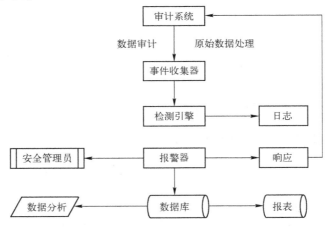

图 6.6 基于主机的入侵检测系统流程图

2. 基于网络的入侵检测系统

基于网络的入侵检测系统分析的数据主要包括网络上的数据包。网络型入侵检测系统担负着保护整个网段的任务，基于网络的入侵检测系统由遍及网络的传感器（sensor）组成，传感器实际上是一台将以太网卡置于混杂模式的计算机，用于嗅探网络上的数据包。如图 6.7 所示为基于网络的入侵检测系统流程图。

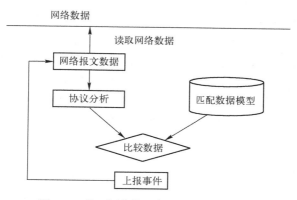

图 6.7　基于网络的入侵检测系统流程图

3. 混合型入侵检测

基于网络和基于主机的入侵检测系统都有不足之处，会造成防御体系的不全面。综合了基于网络和基于主机的混合型入侵检测系统既可以发现网络中的攻击信息，也可以从系统日志中发现异常情况。

6.3.3　根据所采用的技术分类

入侵检测系统根据所采用的技术，可以分为异常入侵检测系统和误用入侵检测系统。

1. 异常入侵检测系统

建立异常入侵检测系统，首先要建立系统或用户的正常行为模式库，不属于这个库的行为将被视为异常行为。但是，入侵活动的特征并不总是与异常活动的特征相符合，而是存在4 种可能性：

（1）是入侵行为，但不是异常行为。

（2）不是入侵行为，但是表现为异常行为。

（3）不是入侵行为，也不是异常行为。

（4）是入侵行为，也表现为异常行为。

另外，设置异常的阈值不当，往往会导致入侵检测系统出现误报警或者漏检的现象。入侵检测系统给安全管理员造成了系统安全的假象，漏检对于重要的安全系统来说是非常危险的。如图 6.8 所示为异常入侵检测系统的流程图。

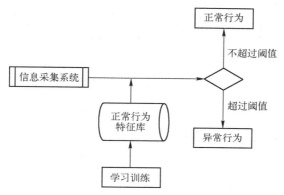

图 6.8　异常检测系统的流程图

2. 误用入侵检测系统

误用入侵检测依赖于入侵特征的模式库。误用入侵检测能直接检测出入侵特征模式库中已涵盖的入侵行为或不可接受的行为。而异常入侵检测则是发现同正常行为相违背的行为。误用入侵检测的主要对象是那些能够被精确地按某种方式编码的攻击。通过捕获攻击及重新整理，可确认入侵活动是基于同一弱点进行攻击的入侵方法的变种。误用入侵检测系统的主要缺点或局限是它仅仅可检测已知的攻击行为，不能检测未知的入侵行为。如图 6.9 所示为误用入侵检测系统的流程图。

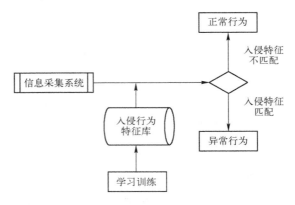

图 6.9　误用入侵检测系统的流程图

6.3.4　根据工作方式分类

根据工作方式分为离线入侵检测系统与在线入侵检测系统。

1. 离线入侵检测系统

离线入侵检测系统是非实时工作的入侵检测系统。它在入侵事件发生后分析审计事件，从中检查入侵活动。事后入侵检测由网络管理人员进行，他们具有网络安全的专业知识，根据计算机系统对用户操作所做的历史审计记录判断是否存在入侵行为。如果有，就断开连接，并记录入侵证据和实施数据恢复。事后入侵检测是管理员定期或不定期进行的，不具有实时性。

2. 在线入侵检测系统

在线入侵检测系统是实时联机的检测系统。它包含对实时网络数据包的分析、实时主机审计分析。其工作过程是实时入侵检测在网络连接过程中进行，系统根据用户的历史行为模型、存储在计算机中的专家知识以及神经网络模型对用户当前的操作进行判断，一旦发现入侵迹象立即断开入侵者与主机的连接，并收集证据和实施数据恢复。这个检测过程是不断循环进行的。

6.4　入侵检测技术的未来发展

本小节从入侵检测技术的局限入手，讲述了入侵检测技术面临的问题，然后介绍了入侵检测技术新的发展方向，最后介绍了入侵防御技术和入侵管理技术等。

6.4.1 入侵检测技术面临的挑战

近年来，网络空间安全技术发展速度迅猛，但是新的网络攻击事件层出不穷，这是因为黑客技术的发展也在更新。黑客不断地迭代更新网络攻击方法和攻击工具，攻击手段向着复杂化、智能化、自动化的方向发展。快速换代的网络攻击技术给网络防御带来了不小的麻烦。从目前来看，入侵检测技术面临如下一些挑战。

1. 错误率较高

这里的错误率是指入侵检测对攻击行为的误报或者漏报。常见的入侵检测方法有状态检测、误用检测、异常检测、协议分析等。以上的检测方法均存在一定的缺陷，例如协议检测技术只能处理常见的网络协议，但是新的攻击技术会用到一些不常见的协议报文，遇到这样的情况，就会发生漏报的现象。再如，异常检测用到的方法是统计方法，但是在统计方法中需要确定阈值，如何确定合适的阈值给入侵检测技术带来了不小的困难，阈值如果过小，会将许多正常行为判断成异常行为，产生误报现象。但是阈值过大又会将很多攻击行为误判成正常行为，这样漏报率就会很高。因此，如何解决错误率较高这个问题是当今入侵检测的一大挑战。

2. 实时性较低

检验入侵检测技术的一个重要标准是实时性。实时性是指入侵检测系统能够在一定的时间阈值内检测出网络的入侵行为，并在入侵行为发生前予以阻挡。这是入侵检测技术应该具备的特点，也是其区别于防火墙技术的最大不同点。但是，目前的入侵检测系统实时性普遍比较低，无法满足在入侵行为发生前准确并及时地发现有攻击行为的网络数据包这个要求。

3. 安全性较低

值得注意的是，入侵检测系统作为整个网络信息系统的一部分，也是攻击者攻击的目标。攻击者会通过拒绝服务（DoS）攻击的方式对入侵检测系统进行攻击，这就需要入侵检测系统自身的安全性和抗攻击性要高。但是实际上，有些入侵检测系统在设计之初就存在一定的安全漏洞，无法保证自身的安全性，这样一旦入侵检测系统被攻击成功，整个网络系统将失去保护伞，暴露在攻击者的攻击范围内。因此，好的入侵检测系统必须具备两个特点，第一是要具备在各种复杂的网络环境下工作的能力；第二是系统应该具备非常高的稳定性，因为入侵检测系统需要在整个计算机网络中进行监视，负载比较大，这种情况下容易受到拒绝服务攻击，因此一个好的入侵检测系统必须能够抵挡各种网络攻击行为，从而提高自身的安全性。

4. 效率低下

入侵检测系统处理数据的速度是考察其效率的重要指标之一。目前的网络攻击向着大流量、分布式的方向发展，特别是随着分布式拒绝服务攻击技术的发展，使得攻击者可以同时操作无数台主机对同一个系统进行攻击，这种情况下的攻击流量会非常大，这就考验了入侵检测系统处理数据的能力。当前主流的入侵检测技术是特征检测技术，但是当面对大流量、多主机的攻击时这种技术的效率明显不高。

6.4.2 入侵检测技术的发展方向

随着网络技术的飞速发展，入侵技术也日新月异。交换技术的发展以及通过加密信道的数据通信使通过共享网段侦听的网络数据采集方法显得力不从心，而巨大的通信量对数据分析也提出了新的要求。总的来看，入侵检测技术主要有以下几个发展方向。

（1）分布式通用入侵检测架构：传统的入侵检测系统局限于单一的主机或网络架构，对异构系统及大规模的网络检测明显不足，并且不同的入侵检测系统之间不能协同工作。因此，有必要发展分布式通用入侵检测架构。

（2）应用层入侵检测：许多入侵检测的语义只有在应用层才能理解，而目前的入侵检测系统仅能检测如 Web 之类的通用协议，而不能处理如 Lotus Notes、数据库系统等其他应用系统。

（3）智能入侵检测：入侵方法越来越多样化与综合化，尽管已经有智能体、神经网络与遗传算法在入侵检测领域应用研究，但只是一些尝试性的研究工作，仍需对智能化的入侵检测系统加以研究以解决其自学习与自适应能力。

（4）入侵检测系统的自身保护：一旦入侵检测系统被入侵者控制，整个系统的安全防线将面临崩溃的危险。因此，如何防止入侵者对入侵检测系统功能的削弱乃至破坏的研究将在很长时间内持续下去。

（5）入侵检测评测方法：用户需对众多的入侵检测系统进行评价，评价指标包括入侵检测系统检测范围、系统资源占用和入侵检测系统自身的可靠性。设计通用的入侵检测测试与评估方法与平台，实现对多种入侵检测系统的检测已成为当前入侵检测系统的另一个重要研究与发展领域。

（6）与其他网络安全技术相结合：如防火墙、PKIX、安全电子交易（SET）等新的网络安全与电子商务技术，提供完整的网络安全保障。

目前，国外一些研究机构已经开发出了几种典型的应用于不同操作系统的入侵检测系统，它们通常采用静态异常模型和规则的误用模型来检测入侵。早期的入侵检测系统模型设计用来监控单一服务器，主要是基于主机的入侵检测系统；然而，近期的更多模型则集中用于监控通过网络互连的多服务器，是基于网络的入侵检测系统。对于入侵检测的研究，从早期的审计跟踪数据分析，到实时入侵检测系统，再到目前应用于大型网络的分布式系统，基本上已发展成具有一定规模和相应理论的课题。

入侵检测系统作为现阶段网络安全技术中研究与开发的热点，正朝着高性能、高可靠性、实时、高智能的方向发展。分布协同式处理、多代理、实时的入侵检测系统集中体现了入侵检测系统的发展趋势。随着计算机网络技术的飞速发展，新的攻击手段也层出不穷。现存入侵检测系统只有不断更新和改进，才能适应瞬息万变的网络环境的需求。尽管现存入侵检测系统在技术上仍有许多未解决的问题，但正如攻击技术是不断发展的一样，入侵检测技术也会不断地更新、成熟。当然，网络安全需要纵深的、多样的防护，即使拥有当前最强大的入侵检测系统，如果不及时修补网络中的安全漏洞，那么安全也将无从谈起。

6.4.3　从入侵检测系统到入侵防御系统和入侵管理系统

随着计算机网络的飞速发展，网络安全风险系数不断提高，曾经作为最主要安全防范手段的防火墙，已经不能满足人们对网络安全的需求。作为对防火墙有益的补充，入侵检测系统能够帮助网络系统快速发现网络攻击的发生，扩展了系统管理员的安全管理能力（包括安全审计、监视、进攻识别和响应），提高了信息安全基础结构的完整性。入侵检测系统被认为是防火墙之后的第二道安全闸门。作为网络安全架构中的重要一环，入侵检测系统的重要地位有目共睹。

随着技术的不断完善和更新，入侵检测系统正呈现出新的发展态势，入侵防御系统（Intrusion Prevention System，IPS）和入侵管理系统（Intrusion Management System，IMS）就是在入侵检测系统的基础上发展起来的新技术。

网络入侵检测技术发展到现在，大致经历了以下三个阶段。

第一阶段：入侵检测系统（IDS）。入侵检测系统能在不影响网络性能的情况下对网络进行监听，从而提供对内部攻击、外部攻击和误操作的实时保护，但是它只能被动地检测攻击，而不能主动地把变化莫测的威胁阻止在网络之外。

第二阶段：入侵防御系统（IPS）。入侵防御系统还处于发展阶段，综合了防火墙、入侵检测系统、漏洞扫描与评估等安全技术，可以主动地、积极地防范、阻止系统入侵，它部署在网络的进出口处，当它检测到攻击企图后，会自动地将攻击包丢掉或采取措施将攻击源阻断，这样攻击包将无法到达目标，从而在根本上避免攻击。如图 6.10 所示，入侵防御系统在部署时是串联在网络当中的。

图 6.10 入侵防御系统的部署

第三阶段：入侵管理系统（IMS）。入侵管理系统技术实际上包含了入侵检测系统、入侵防御系统的功能，并通过一个统一的平台进行统一管理，从系统的层面来解决入侵行为。

1. 入侵防御系统

入侵防御系统是针对入侵检测系统的不足而提出的，因此从概念上就优于入侵检测系统。入侵防御系统相对于入侵检测系统的进步具体体现在如下几个方面。

（1）在入侵检测系统阻断功能的基础上增加了必要的防御功能，以减轻检测系统的压力。

（2）增加了更多的管理功能，如处理大量信息和可疑事件、确认攻击行为、组织防御措施等。

（3）在入侵检测系统的监测功能上又增加了主动响应的功能，一旦发现有攻击行为，立即响应，主动切断连接。

（4）以串联的方式取代入侵检测系统的并联方式接入网络中，通过直接嵌入到网络流量中提供主动防护，预先对入侵活动和攻击性网络流量进行拦截。

虽然入侵防御系统相对于入侵检测系统的优势明显，但是它与入侵检测系统一样，需要解决网络性能、安全精确度和安全效率问题。首先，入侵防御系统需要考虑性能，即需要考虑发现入侵和做出响应的时间。入侵防御系统设备以在线方式直接部署在网络中，无疑会给网络增加负荷，给数据传输带来延时。为避免成为瓶颈，入侵防御系统必须具有快速处理数据的能力，能够提供与 2 层或者 3 层交换机相同的速度，而这一点取决于入侵防御系统的软件和硬件加速装置。除了网络性能之外，入侵防御系统还需要考虑安全性，尽可能多地过滤掉恶意攻击，这就使入侵防御系统同样面临误报和漏报问题。在提高准确性方面，入侵防御系统面临的压力更大。一旦做出错误判断，入侵防御系统就会放过真正的攻击而阻断合法的事务处理，从而造成损失。另外，入侵防御系统还存在一些其他的弊端：如比较适合于阻止大范围的、针对性不是很强的攻击，但对单独目标的攻击阻截有可能失效，自动预防系统也无法阻止专门的恶意攻击者的操作；再如，还不具备足够的能力来智能识别所有对数据库应用的攻击。

2. 入侵管理系统

网络安全不是目标而是过程，而其本质是"风险管理"。"入侵管理"概念的提出以及相应产品与服务的出现，则可以帮助用户建立一个动态的纵深防御体系，把握整体网络安全。

入侵管理系统实际上包含了入侵检测系统和入侵防御系统的功能，并通过一个统一的平台进行管理，从系统的层面来解决入侵行为。入侵管理是一个过程，在行为未发生前要考虑网络中有什么漏洞，判断有可能会形成什么攻击行为和面临的入侵危险；在行为发生时或即将发生时，不仅要检测出入侵行为，还要主动阻断，终止入侵行为；在入侵行为发生后，还要深层次分析入侵行为，通过关联分析来判断是否还会出现下一个攻击行为。

入侵管理系统具有大规模部署、入侵预警、精确定位以及监管结合四大典型特征，这些特征本身具有一个明确的层次关系。首先，大规模部署是实施入侵管理的基础条件，一个有组织的完整系统通过规模部署的作用，要远远大于单点系统的简单叠加，入侵管理系统对于网络安全监控有着同样的效用，可以实现从宏观的安全趋势分析到微观的事件控制。其次，检测和预警的最终目标就是一个"快"，要和攻击者比时间。只有减小这个时间差，才能使损失降低到最小。要实现这个"快"字，入侵预警必须具有全面的检测途径，并以先进的检测技术来实现高准确和高性能。入侵预警是入侵管理系统进行规模部署后的直接作用，也是升华入侵管理系统的一个非常重要的功能。再次，入侵预警之后就需要进行精确定位，这是从发现问题到解决问题的必然途径。精确定位的可视化可以帮助管理人员及时定位问题区域，良好的定位还可以通过联运接口和其他安全设备进行合作以抑制攻击的继续。入侵管理系统要求做到对外定位到边界，对内定位到设备。最后，监管结合就是把检测提升到管理层面，形成自改善的全面保障体系。监管结合最重要的是落实到对资产安全的管理，通过入侵管理系统可以实现对资产风险的评估和管理。监管结合虽然是通过人来实现，但并不意味着大量的人力投入，入侵管理系统具备良好的集中管理手段来保证人员的高效工作，同时具备全面的知识库和培训服务，能够有效提高管理人员的知识和经验，从而保证应急体系的高效执行。

网络安全防护技术发展到入侵管理阶段，已经不再局限于某类简单的产品了，它是一个网络整体动态防御的体系，对于入侵行为的管理体现在检测、防御、协调、管理等各个方面，通过技术整合，可以实现"可视+可控+可管"，形成综合的入侵管理系统。

从入侵防御系统到入侵管理系统，增加了管理的概念，这也正是网络安全的发展方向。在这个网络安全问题越来越严重的社会，网络安全需要多层次系统的管理，网络安全的目标是保护核心资产完整性，将可能发生的损失减到最小，投资回报率最大化，确保业务的连续运行。

思考题

1. 什么是入侵检测？
2. 入侵检测的任务是什么？
3. 入侵检测有哪些功能？
4. 简要叙述什么是基于主机的入侵检测系统？
5. 简要叙述什么是基于网络的入侵检测系统？
6. 简要叙述什么是异常入侵检测系统？
7. 简要叙述什么是误用入侵检测系统？
8. 说明什么是入侵防御系统？
9. 说明什么是入侵管理系统？

第 7 章 虚拟专用网技术

本章主要介绍虚拟专用网技术，包括虚拟专用网定义、需求、工作原理、技术原理、应用模型等，最后举了几个虚拟专用网的实例。

7.1 虚拟专用网概述

本小节讲述了虚拟专用网的定义，虚拟专用网的需求以及使用虚拟专用网的优点。

7.1.1 虚拟专用网的定义

虚拟专用网（Virtual Private Network，VPN）通常是指在公共网络上，利用隧道等技术，建立一个临时的、安全的网络。从字面意义上看，VPN 由"虚拟"（Virtual）、"专用或私有"（Private）以及"网络"（Network）三个词组成。"虚拟"（Virtual），是相对传统的物理专用网络而言，VPN 是利用公共网络资源和设备建立一个逻辑上的专用通道；"专用的或私有的"（Private），表示 VPN 是被特定企业或用户个人所有的，而且只有经过授权的用户才可以安全地使用。

7.1.2 虚拟专用网的需求

人们有很多时候需要在异地连接网络进行正常的工作。例如，企业员工在外出差或在家里办公需要连接公司服务器；或者有第三方需要接入公司服务器，如电子商务、企业邮箱、银行金融服务等；或者企业数据需要进行异地灾备；还有企业分支机构需要连接总部公司等。这时候最经济、最便捷的方式就是使用 VPN 技术。如图 7.1 所示，很多地方需要使用 VPN 服务。

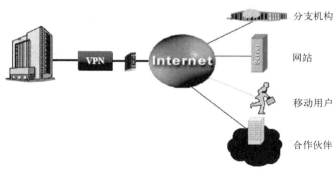

图 7.1　VPN 的需求

虚拟专用网是在公用网络上建立专用网络的技术。之所以称为虚拟网，主要是因为整个 VPN 网络的任意两个节点之间的连接并没有传统专网所需的端到端的物理链路，而是架构在公用网络服务商所提供的网络如 Internet、ATM（异步传输模式）、Frame Relay（帧中继）

等之上的逻辑网络，用户数据在逻辑链路中传输。

7.1.3 虚拟专用网的优点

相对于传统网络，虚拟专用网 VPN 有如下优点。

1. 成本低

由于 VPN 建立在物理连接基础之上，使用 Internet、帧中继或 ATM 等公用网络设施，不需要租用专线，可以节省购买和维护专用通信设备的费用 [租用一个数字数据网（Digital Data Network，DDN）专线是很贵的]。

2. 安全保障

VPN 使用 Internet 等公用网络设施，提供了各种加密、认证和访问控制技术来保障通过公用网络平台传输数据的安全性，以确保数据不被攻击者窥视和篡改，并且防止非法用户对网络资源或私有信息的访问。

3. 服务质量保证

不同的用户和业务对服务的质量保证有着不同的要求，所有 VPN 应提供相应的不同等级的服务质量保证（Quality of Service，QoS）。

4. 可管理性

VPN 的实现简单、方便、灵活，同时具有安全管理、设备管理、配置管理、访问控制列表管理、QoS 管理等内容，方便用户和 VPN 运营商管理和维护。

5. 可扩展性

VPN 设计易于增加新的网络节点，并支持各种协议，如 IPv6、MPLS、SNMP 等。满足同时传输 IP 语音、图像和 IPv6 数据等新应用对高质量传输以及带宽增加的需求。

7.2 虚拟专用网的工作原理

企业之间的 VPN 工作原理如图 7.2 所示。通常情况下，VPN 网关采取双网卡结构，外网卡使用公网 IP 接入 Internet。它的工作步骤如下。

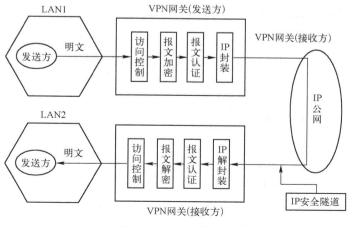

图 7.2 VPN 工作原理

第 1 步：网络 1（假定为公网 Internet）的终端 A（LAN1）访问网络 2（假定为公司内网）的终端 B（LAN2），其发出的访问数据包的目标地址为终端 B 的内部 IP 地址。

第 2 步：网络 1 的 VPN 网关在接收到终端 A 发出的访问数据包时会对其目标地址进行检查，如果目标地址属于网络 2 的地址，则将该数据包进行封装，封装的方式根据所采用的 VPN 技术不同而不同，同时 VPN 网关会构造一个新的 VPN 数据包，并将封装后的原数据包作为 VPN 数据包的负载，VPN 数据包的目标地址为网络 2 的 VPN 网关的外部地址。

第 3 步：网络 1 的 VPN 网关将 VPN 数据包发送到 Internet，由于 VPN 数据包的目标地址是网络 2 的 VPN 网关的外部地址，所以该数据包将被 Internet 中的路由正确地发送到网络 2 的 VPN 网关。

第 4 步：网络 2 的 VPN 网关对接收到的数据包进行检查，如果发现该数据包是从网络 1 的 VPN 网关发出的，即可判定该数据包为 VPN 数据包，并对该数据包进行解包处理。解包的过程主要是先将 VPN 数据包的头部剥离，再将数据包反向处理还原成原始的数据包。

第 5 步：网络 2 的 VPN 网关将还原后的原始数据包发送至目标终端 B，由于原始数据包的目标地址是终端 B 的 IP，所以该数据包能够被正确地发送到终端 B。在终端 B 看来，它收到的数据包就和从终端 A 直接发过来的一样。

第 6 步：从终端 B 返回终端 A 的数据包处理过程和上述过程一样，这样两个网络内的终端就可以相互通信了。

以上就是两个企业之间或同一个企业的不同部门（或地域）之间采用 VPN 进行通信的过程。个人与企业之间进行 VPN 通信的过程类似，只是个人端没有 VPN 网关，代替它的是软件而已，这里不再赘述。

7.3 虚拟专用网的技术原理

本小节简要介绍 VPN 所使用的主要安全协议和它的技术实现方式。

7.3.1 VPN 使用的安全协议

常用的 VPN 协议主要有四种，即点对点隧道协议（Point to Point Tunnel Protocol，PPTP）、第二层隧道协议（Layer2 Tunneling Protocol，L2TP）、互联网安全协议（Internet Protocol Security，IPSec）和安全套接字层（Secure Sockets Layer，SSL）协议，其中 PPTP 和 L2TP 工作在 OSI 模型的第二层，又称为二层隧道协议；IPSec 是第三层隧道协议。SSL 是工作在传输层和应用层之间的安全协议。

1. PPTP

员工想要连接公司内部网时，首先要在 PPTP 客户端和 PPTP 服务器端之间建立一条 TCP 连接，然后在该 TCP 连接上实现 PPTP 链路控制，之后的链路控制协议和数据包都通过 IP 协议上的 GRE 承载，建立的 TCP 连接只用于 PPTP 链路控制。实际传输过程也是将数据包以点对点协议（Point to Point Protocol，PPP）的方式封装，然后在 IP 协议上传输 PPP 封装的数据，如图 7.3 所示。

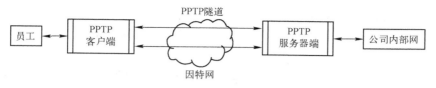

图 7.3　PPTP 的工作方式

2. L2TP

L2TP 结合了 PPTP 以及第二层转发（Level 2 Forwarding，L2F）协议的优点，能以隧道方式使 PPP 包通过各种网络协议，包括 ATM、SONET 和帧中继。但是 L2TP 没有任何加密措施，更多是和 IPSec 结合使用，提供隧道验证。

3. IPSec

IPSec 产生于 IPv6 的制定之中，用于提供 IP 层的安全性。IPSec 的主要功能是加密和认证，为了进行加密和认证，IPSec 还需要有密钥管理和交换功能，以便为加密和认证提供所需要的密钥并对密钥的使用进行管理。以上三方面的工作分别由认证头标（Authentication Header，AH）、封装安全载荷（Encapsulating Security Payload，ESP）和网络密钥交换（Internet Key Exchange，IKE）三个协议规定。

4. SSL 协议

SSL 协议为网景公司（Netscape）所研发，用以保障在 Internet 上数据传输的安全，利用数据加密技术，可确保数据在网络上的传输过程中不会被截取及窃听。一般通用的规格为 40 bit 的安全标准，美国则已推出 128 bit 的更高安全标准。只要 3.0 版本以上的 IE 或 Netscape 浏览器都可支持 SSL。它已广泛用于 Web 浏览器与服务器之间的身份认证和加密数据传输。SSL 协议位于 TCP/IP 与各种应用层协议之间，为数据通信提供安全支持。SSL 协议可分为两层。SSL 记录协议（SSL Record Protocol）：它建立在可靠的传输协议（如 TCP）之上，为高层协议提供数据封装、压缩、加密等基本功能的支持；SSL 握手协议（SSL Handshake Protocol）：它建立在 SSL 记录协议之上，用于在实际的数据传输开始前，通信双方进行身份认证、协商加密算法、交换加密密钥等。

7.3.2　VPN 的 4 项安全技术

目前 VPN 主要采用 4 项技术来保证安全，这 4 项技术分别是隧道技术（Tunneling）、加/解密技术（Encryption & Decryption）、密钥管理技术（Key Management）、使用者与设备身份认证技术（Authentication）。

1. 隧道技术

隧道技术是 VPN 的基本技术之一，类似于点对点通信技术，它在公用网上建立一条数据通道（或叫隧道），让数据包通过这条专用隧道进行传输。隧道是由隧道协议建立的，分为第二、三层隧道协议。第二层隧道协议是先把各种网络协议封装到 PPP 中，再把整个数据包装入其中。这种双层封装方法形成的数据包依靠第二层协议进行传输。第二层隧道协议有 L2F、PPTP、L2TP 等。L2TP 是目前国际互联网工程任务组（Internet Engineering Task Force，IETF）的标准，由 IETF 融合 PPTP 与 L2F 而形成。第三层隧道协议是把各种网络协议直接装入隧道协议中，形成的数据包依靠第三层协议进行传输。第三层隧道协议有 VTP

（VLAN Trunking Protocol）、IPSec 等。IPSec 由一组 RFC 文档组成，定义了一个系统来提供安全协议选择、安全算法，确定服务所使用的密钥等服务，从而在 IP 层提供安全保障。

2. 加/解密技术

信息加/解密技术是数据通信中一项比较成熟的技术，VPN 可直接利用现有技术，国内的 VPN 设备通常采用国产加密算法进行加/解密。

3. 密钥管理技术

密钥管理技术的主要任务是如何在公用数据网上安全地传递密钥而不被窃取，主要通过公钥算法来实现。

4. 使用者与设备身份认证技术

使用者与设备身份认证技术最常用的是使用名称与密码或卡片式认证等方式，也可以采用多种方式一起认证。

7.4 虚拟专用网的应用模型

本小节介绍几个常用的 VPN 应用实例。包括远程访问 VPN 和企业内部网的 VPN。

1. 远程访问 VPN

远程访问 VPN 适用于企业内部人员进行远程办公的情况。出差或在家办公的员工通过当地 Internet 服务提供商（ISP）就可以和企业的 VPN 网关建立私有的隧道连接，这样安全又方便。远程访问 VPN 如图 7.4 所示。

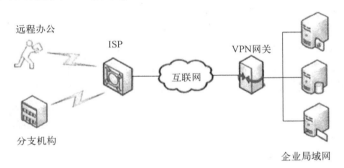

图 7.4　远程访问 VPN

2. 内联网 VPN

如果要进行企业内部异地分支机构的互联互通，可以使用内联网 VPN（Intranet VPN）方式进行通信。内联网 VPN 在两个异地网络用户的网关之间建立了一个加密的 VPN 隧道，两端的内部网络用户使用该 VPN 隧道，这样就和使用本地网络一样通信，如图 7.5 所示。

3. 外联网 VPN

这种方式主要是与合作伙伴企业网构成外联网（Extranet），将一个公司与另一个公司的资源进行连接。它的结构类似于内联网 VPN，只是把内联网 VPN 中网关的一个换成第三方的 VPN 网关。

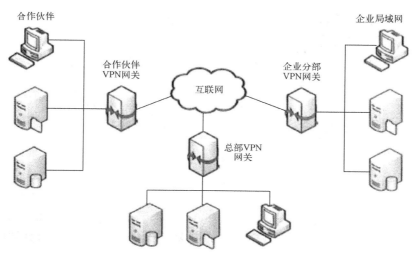

图 7.5 内联网 VPN

7.5 虚拟专用网使用举例

现在网络信息技术很发达，现实生活当中有很多网络信息系统使用 VPN 技术。本小节举例说明几个 VPN 使用的实例，包括金融领域使用 VPN、消费领域使用 VPN 和个人办公远程使用 VPN。

7.5.1 电子邮箱注册/登录使用 VPN 举例

以前的电子邮箱在登录的时候，大都没有使用 VPN 技术进行通信加密，这样很容易被攻击者使用 Sniffer 等网络嗅探工具看到用户名的密码。如图 7.6 所示为使用 Sniffer 软件看到的登录某网站电子邮箱时的用户名和密码。由此可见，没有使用 VPN 的电子邮箱是非常危险的。

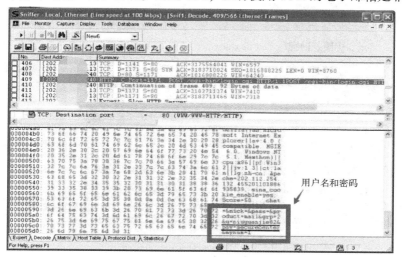

图 7.6 用 Sniffer 软件看到的用户名和密码

现在的电子邮箱系统大都使用 VPN 技术进行通信加密。如图 7.7 所示为 163 网站登录的时候使用 HTTPS⊖进行 VPN 加密，这样登录的时候就比较安全了。即使攻击者使用 Sniffer 等软件进行嗅探，他看到的也只是乱码。

图 7.7　163 邮箱使用 VPN 加密

7.5.2　金融领域使用 VPN 举例

如图 7.8 所示，在登录网上银行时很多时候要用到 VPN。这时主要使用的协议是 HTTPS 协议。用户通过使用 VPN 可以在登录、转账等过程中保证自身和财产的安全。

图 7.8　金融领域 VPN 的使用

⊖　超文本传输安全协议（HyperText Transfer Protocol Secure，HTTPS），是 HTTP 和 SSL 协议的一种结合，可提供加密通信和万维网服务器的安全识别。

94

7.5.3 消费领域使用 VPN 举例

现在消费领域的电子商务很发达。以网上购物为例，在登录时要用 VPN（见图 7.9），在选择商品时要用 VPN（见图 7.10），在支付时也要用到 VPN（见图 7.11）。以上过程中使用的都是 VPN 中的 HTTPS 协议。

图 7.9　支付宝登录使用 VPN

图 7.10　选择商品时用 VPN

7.5.4 个人远程办公使用 VPN 举例

以北京邮电大学（以下简称"北邮"）的虚拟专用网为例，讲述个人远程使用 VPN。在北邮主页上下载 VPN 客户端后，输入自己的教工号（或学生）和密码就可以连接北邮的 VPN 了。

图 7.11 支付时用 VPN

连接上北邮的 VPN 信息，如图 7.12 所示。从"主页"界面中可以看到北邮的 VPN 门户为 vpn. bupt. edu. cn。个人登录账号为"201081……"。

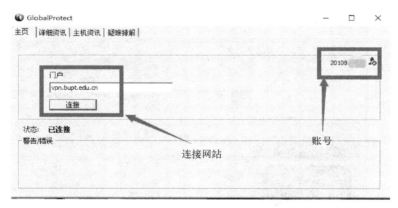

图 7.12 北邮 VPN 界面

切换到"详细资讯"选项卡，可以看到更多关于北邮 VPN 的信息，如图 7.13 所示。已经分配的本地 IP 为"10. 38. 0. 198"；VPN 网关 IP 为"118. 229. 255. 32"；VPN 协议为"IP-Sec"；还有正常运行时间、数据包数、字节数、错误信息等。另外，还有"主机资讯"和"疑难排解"等选项卡。

登录北邮的 VPN 之后，就可以在北邮服务门户当中输入用户名和密码了，如图 7.14 所示。注意，这里网页上使用的还是 HTTPS 协议。

登录之后，就可以进入北邮的校园内部网了，如图 7.15 所示。这时无论是远程办公，还是家里办公都是一样的，非常方便，效率也很高。

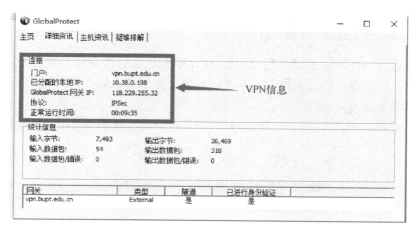

图 7.13　北邮 VPN 相关信息

图 7.14　校内网登录界面

图 7.15　北邮校内网

7.5.5 使用浏览器进行 VPN 连接

使用微软的 Windows 服务器也可以配置 VPN 服务。这里服务器的配置比较复杂，需要由专门的安全人员配置，因此不再叙述。下面介绍配置好 Windows 服务器的 VPN 服务以后，客户端的连接方法。

打开 IE 浏览器，在"工具"→"Internet 属性"里选择"连接"选项卡，如图 7.16 所示。

图 7.16　使用 IE 添加 VPN

选择"添加 VPN"按钮。单击"确定"按钮后出现如图 7.17 所示的界面。在该界面中输入要连接的 VPN 的 IP 地址和名称就可以创建一个 VPN 了。连接的时候，只要输入在服务器端口创建的用户名和密码就可以连接 VPN 了。

图 7.17　浏览器的 VPN 设置

思考题

1. 什么是虚拟专用网？
2. 为什么需要虚拟专用网？
3. 虚拟专用网的优点有哪些？
4. 虚拟专用网的工作原理是什么？
5. 虚拟专用网主要使用哪些安全协议？
6. 举例说明，你在什么情况下使用过虚拟专用网？

第8章　操作系统安全

本章首先对操作系统的安全进行了概述，介绍了操作系统安全的重要性以及操作系统安全要达到的目标。然后，详细介绍了 10 个 Windows 操作系统常用的安全配置。最后，介绍了安装 Windows 操作系统的注意事项。

8.1　操作系统安全概述

操作系统是用来管理系统资源、控制程序的执行、展示人机界面和各种服务的一种软件，是连接计算机系统硬件与其上运行的软件和用户之间的桥梁。目前，常见的操作系统有 Windows、Linux、UNIX、mac OS 等。随着个人计算机技术的快速发展，操作系统面临的安全威胁也越来越多，因此必须正确配置各种操作系统里的安全项，加强操作系统的安全。

操作系统是个人计算机系统的资源管理者，有序地管理着计算机中的硬件、软件、服务等资源，并作为用户与计算机硬件之间的接口，帮助用户方便、快捷、安全、可靠地控制计算机硬件和软件的运行。操作系统的安全是网络信息安全的基石。软件都是运行在操作系统之上的，操作系统如果不安全，那么在其上运行的软件就更无安全可言。

操作系统的安全目标如下：

（1）识别操作系统中的用户。

（2）依据系统设置的安全策略对用户的操作行为进行相应的访问控制。

（3）保证操作系统自身的安全性和可用性。

（4）监督并审计操作系统运行的安全性。

为实现以上的安全目标，操作系统需要有相应的安全机制方法。这些安全机制方法主要包括标识与鉴别、访问控制、权限管理、信道保护、安全审计、内存存取保护、文件系统保护等。

由于微软的 Windows 操作系统是目前最常用的操作系统，本章只就 Windows 操作系统的安全配置进行介绍。

微软为了让用户购买其最新的操作系统从而获得更大的经济利益，从 2014 年开始便停止对 Windows XP 技术的支持。然而这还没有完，2020 年 1 月 14 日微软正式终止对 Windows 7 的支持（见图 8.1）。作为一个推出超过 10 年的老系统，Windows 7 凭借着优秀的外观与出色的稳定性获得了许多用户的喜爱，并拥有着不错的市场份额。

对于大多数 Windows 7 用户来说，微软停止支持并不会产生太大的影响，绝大多数功能仍然可以正常使用。但安全方面，如果继续使用 Windows 7，无法获得微软的漏洞补丁和系统升级支持，则更容易受到病毒和黑客的攻击。由此可见，对操作系统的安全配置（尤其是对 Windows XP 和 Windows 7 的安全配置）就显得更加重要了。

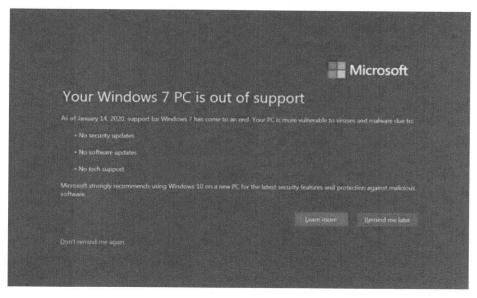

图 8.1　Windows 7 停止服务

　　如果有条件的话，还是建议用户使用微软最新的 Windows 10 操作系统。Windows 10 的安全性超过以往任何 Windows 操作系统，内置全面的端到端安全防护，包括防病毒、防火墙、Internet 防护等。这意味着用户将能够借助更多安全功能和持续更新来抵御更多的攻击，而所有这些功能和更新均以内置方式提供，不需要任何额外费用。

8.2　Windows 操作系统安全配置

　　本小节以目前最常用的 Windows 操作系统安全配置为基础，讲述如何对操作系统进行最基本的安全设置。

8.2.1　操作系统安装补丁

　　保证操作系统安全最基本、最重要的方法无疑是给系统安装补丁程序。Windows 操作系统具有检测和安装更新的功能（Windows Update），用户只要将这个功能设置为自动检查更新，Windows Update 就会自动下载并安装系统的已知漏洞的修补程序。系统会在后台下载，完成后通知用户下载完成并询问是否开始安装，使用起来十分方便。如图 8.2 所示为 Windows 10 操作系统里的更新服务，可以进行相应的设置。

　　现在，许多操作系统外的安全软件也有给操作系统安装补丁的功能，如 360 安全卫士等。使用起来也很方便，这里不再赘述。

8.2.2　设置 Windows 自带防火墙

　　不管计算机做了什么样的安全设置，只要连接在 Internet 上，防火墙都是必不可少的。防火墙可以保护用户的操作系统，把许多网络上的有害程序挡在外面。推荐使用的防火墙是 Windows 系统自带的个人防火墙。Windows 自带防火墙对系统要求不高，没有那么多花哨的

图 8.2　Windows 更新服务

功能，不过最基本的防护完全够用。使用 Windows 自带防火墙的方法如下：打开"控制面板"，选择"安全和维护"，如图 8.3 所示。

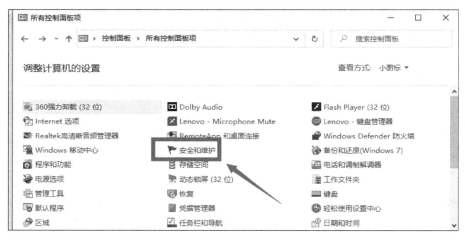

图 8.3　安全和维护

　　出现如图 8.4 所示的界面。把安全消息一栏中的所有选项都选择上，这样一旦防火墙、病毒防护、账户等出现问题都会有相应的安全消息弹出告警。

　　从控制面板里选择"Windows Defender 防火墙"，如图 8.5 所示。

　　Windows Defender 防火墙界面如图 8.6 所示。这样就可以对 Windows Defender 防火墙进行设置了。特别是在"高级设置"里，可以对 IP 地址和端口等进行设置。这里不再赘述，感兴趣的读者可以自行设置。

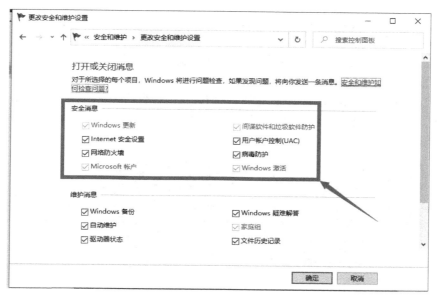

图 8.4　安全消息

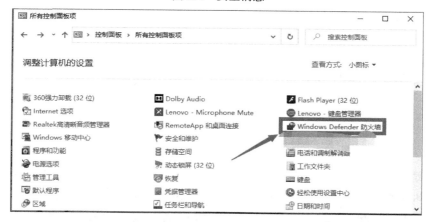

图 8.5　选择"Windows Defender 防火墙"

图 8.6　Windows Defender 防火墙设置

8.2.3 安装第三方杀毒软件和其他安全软件

市场上有许多第三方安全软件可供使用。由于这些软件是一些专门做安全的厂商出品的，因此在安全方面有独特的优势。

现在市场上有许多杀毒软件，如国外的诺顿、卡巴斯基等，国内的有360、瑞星、金山、江民等。这些杀毒软件大多是免费的，并且性能也差不多。推荐安装国产的杀毒软件，例如图8.7为360杀毒软件界面。

图 8.7　360 杀毒软件

除了杀毒软件之外，还有其他一些个人计算机安全软件也可以安装，例如安装360安全卫士，如图8.8所示，它可以对计算机进行体检、木马查杀、系统修复等。

图 8.8　360 安全卫士

也可以使用微软开发的 MSE（Microsoft Security Essentials），它可以防止病毒、间谍软件和其他恶意软件入侵。这款杀毒软件也是免费的，由于是微软自己开发的，因此和操作系统的结合非常好，没有那么多花哨的功能，高效而可靠。

8.2.4　保护系统账户安全

1. 保护 Guest 账户

可以将 Guest 账户关闭、停用或改名。如果必须要用 Guest 账户的话，需要控制 Guest 账户的访问权限，将其列入"拒绝访问"的名单中（如果没有共享文件夹和打印机），以防止 Guest 账户从网络访问计算机、关闭计算机以及查看日志，如图 8.9 所示。

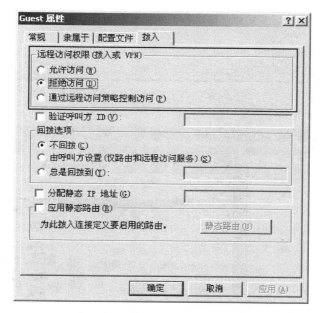

图 8.9　防止 Guest 账户从网络访问计算机

2. 限制用户数量

去掉所有的测试账户、共享账户和普通部门账户等。对用户组策略设置相应权限，并且经常检查系统的账户，删除已经不使用的账户。

账户很多情况下是黑客入侵系统的突破口，系统的账户越多，黑客得到合法用户权限的可能性一般也就越大。

对于 Windows 操作系统而言，如果系统账户超过 10 个，一般可找出一至两个弱口令账户，所以账户数量不要大于 10 个。那些不用的账户可以去掉，如图 8.10 所示。

3. 管理员账户改名

Windows 操作系统中的 Administrator 账户是不能停用的，否则就意味着别人可以一遍又一遍的尝试这个账户的密码。而把 Administrator 账户改名可以有效地防止这一点。

不要使用 Admin 之类的名字，改了等于没改。尽量把它伪装成普通用户，比如改成 guestone。具体操作的时候只要选中管理员账户名进行改名就可以了，如图 8.11 所示。

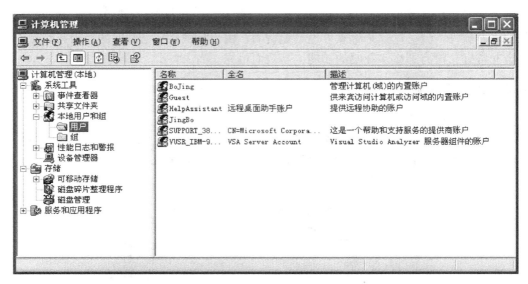

图 8.10 去掉不用的账户

图 8.11 管理员账户改名

4. 建陷阱账户

创建一个名为"administrator"的本地账户,把它的权限设置成最低(什么事也干不了的那种),并且加上一个超过 10 位的超级复杂密码。

这样可以让那些入侵者们忙上一段时间了,并且可以借此发现它们的入侵企图。可以将该用户隶属的组修改成 Guests 组。密码为大于 32 位的数字+字符+符号密码,如图 8.12 所示。建立的陷阱账户如图 8.13 所示。

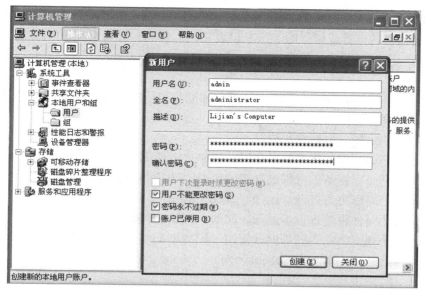

图 8.12　陷阱账户密码

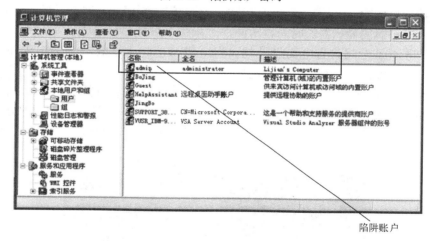

陷阱账户

图 8.13　陷阱账户

8.2.5　操作系统设置安全的账户密码

好的密码对于一个操作系统是非常重要的，但也是最容易被忽略的。因为操作系统的密码是整个操作系统的安全门。

一些网络管理员在创建账户的时候往往用公司名、计算机名，或者一些一下就能猜到的字符作为用户名，然后又把这些账户的密码设置得比较简单，比如"welcome""iloveyou""letmein"或者和用户名相同的密码等。对于这样的账户，应该要求用户首次登录的时候更改成复杂的密码，还要注意经常更改密码。

研究人员发现，按照键盘字母排列顺序（qwerty）、数字排列顺序（123456）、出生日期等设置的密码，几秒钟内就能被破解！建议密码中应该避免出现：个人姓名、配偶姓名、家人姓名、出生日期、电话号码等。那么该如何设置安全度较高的密码呢？

1. 谐音混合型

可以利用数字的谐音或相似的字符来设置密码。例如，生日为"19941128"，可以设置为"199s112b"。

2. 造句型

使用一句容易记住的句子。例如"红鲤鱼绿鲤鱼与驴"可以设置为"hlyllyyl"。

3. 6步密码设置法。

（1）密码不要过短，最好要8位以上。

（2）使用一句话的缩写作为基本密码。比如"还要工作啊"的缩写是"hygza"。

（3）加上数字可以使基础密码更复杂。比如"2020 hygza"。

（4）加上符号可以更为复杂。比如"2020 $hygza＊"。

（5）使用大小写使设置进一步复杂。比如"2020 $Hygza＊"。

（6）创建一个规则，在不同的网站使用不同的密码。比如在一款名为"李剑"的软件中，可以将密码设为"Lijian2020 $Hygza＊"。

8.2.6　设置屏幕保护

屏幕保护最早是为了保护显示器而设计的一种专门的程序。当时设计的初衷是为了防止计算机因无人操作而使显示器长时间显示同一个画面，导致显示器老化而缩短寿命。另外，虽然屏幕保护并不是专门为省电而设计的，但一般 Windows 下的屏幕保护程序都比较暗，大幅度降低屏幕亮度，也会有一定的省电作用。

这里推荐使用屏幕保护功能的主要目的是：在用户暂时离开计算机时，可以防范别人偷取计算机上的一些隐私或秘密信息。以 Windows 10 为例，设置屏幕保护功能的方法如下：

第1步：单击屏幕左下角的"开始"按钮，在弹出的菜单中选择"设置"，如图 8.14 所示。

图 8.14　设置功能

第 2 步：在设置界面里选择"个性化"，如图 8.15 所示。

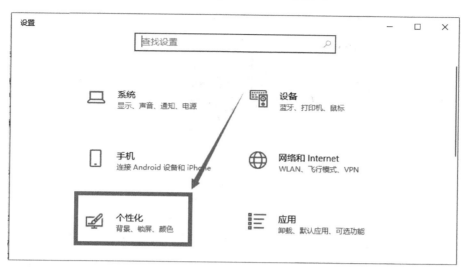

图 8.15　个性化设置

第 3 步：在出现的个性化界面里选择"锁屏界面"，再在右边选择"屏幕保护程序设置"，如图 8.16 所示。

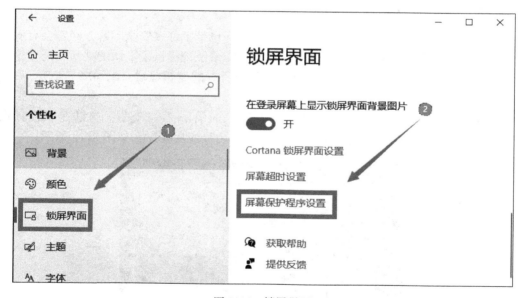

图 8.16　锁屏界面

第 4 步：这时就可以对屏幕保护程序进行设置了，如图 8.17 所示。一般选择等待时间为 3~5 min。也可以选择自己喜欢的屏幕保护界面，或是直接用系统默认的屏幕保护界面。

图 8.17　设置屏幕保护程序

8.2.7　关闭系统默认共享

操作系统的共享功能在为用户带来方便的同时，也带了许多安全问题。经常会有病毒通过共享来进入计算机。许多不同版本的 Windows 操作系统都提供了默认的共享功能，这些默认的共享都会带有 "$" 标志，意为隐含的，包括所有的逻辑盘（C＄，D＄，E＄，…）和系统目录 Windows（admin＄）。

这些共享可以在 DOS 提示符下通过输入命令 "net share" 来查看。方法是在任务栏上的搜索框中输入 "cmd"，然后选择 DOS 操作的 "cmd" 应用程序，如图 8.18 所示。

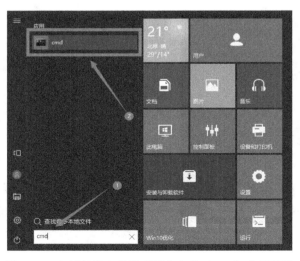

图 8.18　在任务栏上的搜索框中查找 "cmd" 应用程序

这时出现如图 8.19 所示的 DOS 操作界面，只要在命令提示符下输入"net share"，然后按〈Enter〉键就可以看到操作系统里的默认共享了。

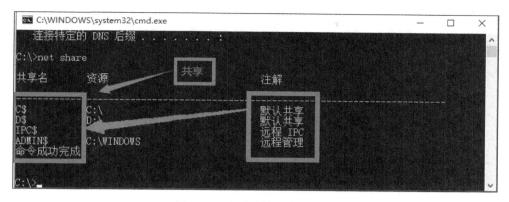

图 8.19　查看计算机中的共享

可以看到操作系统的 C 盘、D 盘等全是共享的，这就给黑客的入侵带来了很大的方便。"震荡波"病毒的传播方式之一就是扫描局域网内所有带共享的主机，然后将病毒上传到上面。

下面介绍一种常用的关闭操作系统共享的方法。依次打开"控制面板"→"管理工具"，找到里面的服务模块，如图 8.20 所示。

图 8.20　服务模块

进入服务模块后，找到一个名为"Server"的服务，如图 8.21 所示。

双击"Server"服务，就可以看到如图 8.22 所示的界面。上面有描述"支持此计算机通过网络的文件、打印和命名管道共享。如果服务停止，这些功能不可用。如果服务被禁用，任何直接依赖于此服务的服务将无法启动。"

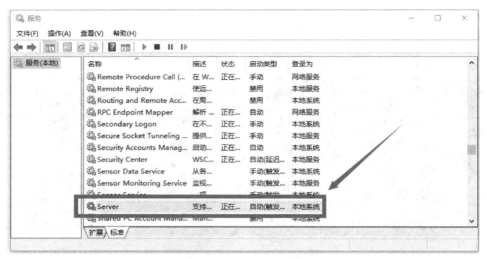

图 8.21 "Server" 服务

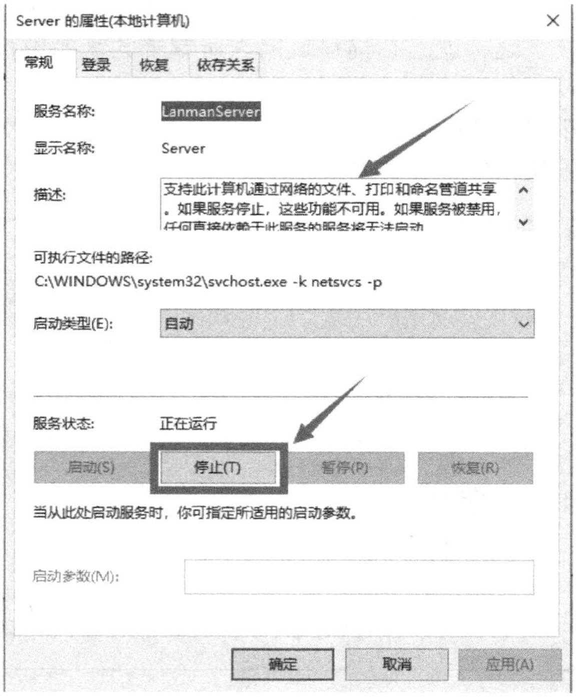

图 8.22 将 "Server" 服务停止

这时只要单击"停止"按钮，使这个服务停止就行了。

停止"Server"服务后，再通过 DOS 操作界面输入"net share"查看共享，就可以看到共享已经关闭了，如图 8.23 所示。

如果要远程打印文件而又不使用共享的话，可以选择使用 U 盘进行打印。这样虽然麻烦一些，但是会更加安全。如果其他地方需要共享，可以找单位的安全管理员申请一种安全的使用共享的方式。

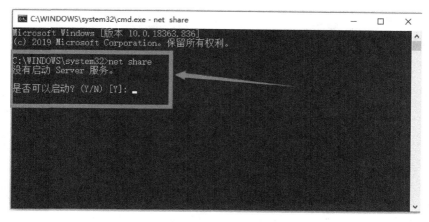

图 8.23　共享关闭

8.2.8　常用文件加密

本小节介绍常用的文件加密方法，包括对压缩文件进行加密和对 Word 文件进行加密。

1. 压缩文件加密

在工作的时候，经常会遇到要向别人传输文件的情况。如果文件太大就需要压缩，并且希望压缩后的文件要有安全性。这时一种常用的方法就是给压缩文件加上密码，然后再传给对方。方法如下：

首先，在操作系统里安装一个压缩工具软件，如 WinRAR 等。这样操作系统就具有了文件压缩功能。给任何一个软件进行压缩时，只要右键单击这个文件，在弹出的快捷菜单中选择"添加到压缩文件"，就会出现如图 8.24 所示的"压缩文件名和参数"界面。

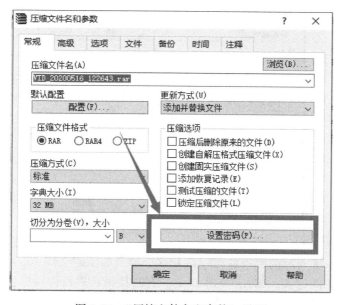

图 8.24　"压缩文件名和参数"界面

在该界面当中设置参数。如选择压缩文件的格式（如 RAR、RAR4、ZIP 等），一般都是默认的。然后，单击"设置密码"按钮，出现如图 8.25 所示的界面。

图 8.25　设置压缩密码

输入要设置的密码，就可以对要压缩的文件进行加密了。在打开这个加密的压缩文件时，会出现如图 8.26 所示界面。

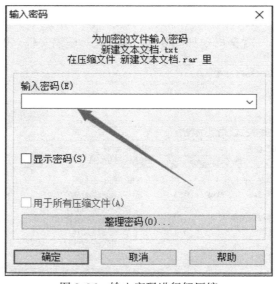

图 8.26　输入密码进行解压缩

这时，只要输入加密时的密码就可以打开这个加密的压缩文件了。

如果要传输的文件过大，如几个 GB 以上，有时是很难进行传输的，甚至都无法复制到 U 盘里面去。这种情况下，可以把一个大文件压缩成几个小文件分开进行传输。如图 8.27 所示，要将一个 8 个多 GB 的文件进行传输。

图 8.27 大文件

为了解决大文件传输的问题，在压缩、加密的同时，选择将文件切分为小文件就行了。如图 8.28 所示，选择将这个 8 GB 左右的文件切分为不大于 700 MB 的多个小文件。

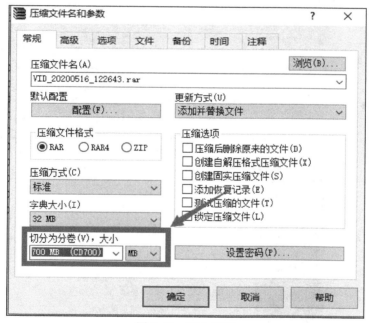

图 8.28 切分压缩

设置完后，单击"确定"按钮就开始压缩了，如图 8.29 所示。

压缩完后，就会出现一些 700 MB 左右的压缩小文件，如图 8.30 所示。

在解压缩的时候，只要选择任何一个小压缩文件进行解压缩，系统就会自动生成一个大文件。

2. Word 文件加密

工作中，经常需要对 Word 文件进行加密保护。方法是打开 Word 文件，选择"文件"→"信息"→"保护文档"→"用密码进行加密"，如图 8.31 所示。

图 8.29　正在切分压缩

图 8.30　压缩后的小文件

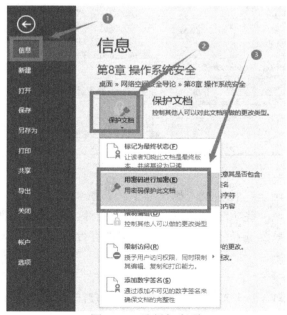

图 8.31　选择加密项

这时会出现如图 8. 32 所示的对话框，按照提示输入加密密码就行了。打开文件进行解密的时候，只要输入当初加密的密码就可以了，这里不再赘述。

加密文档
对此文件的内容进行加密
密码(R):
警告: 如果丢失或忘记密码，则无法将其恢复。建议将密码列表及其相应文档名放在一个安全位置。(请记住，密码是区分大小写的。)
确定
取消

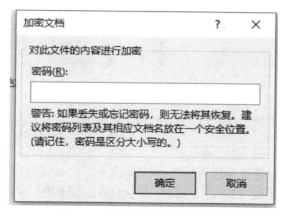

图 8. 32　输入加密密码

8. 2. 9　禁止利用 TTL 判断主机类型

攻击者经常利用生存时间（Time-To-Live，TTL）值来判断操作系统的类型，通过 Ping 指令能判断目标主机类型。Ping 的用处是检测目标主机是否连通。

许多入侵者首先会 Ping 一下主机，因为攻击某一台计算机前需要确定对方的操作系统是 Windows 还是 UNIX。如果 TTL 值为 128，就可以认为该操作系统为 Windows 2000，如图 8. 33 所示。

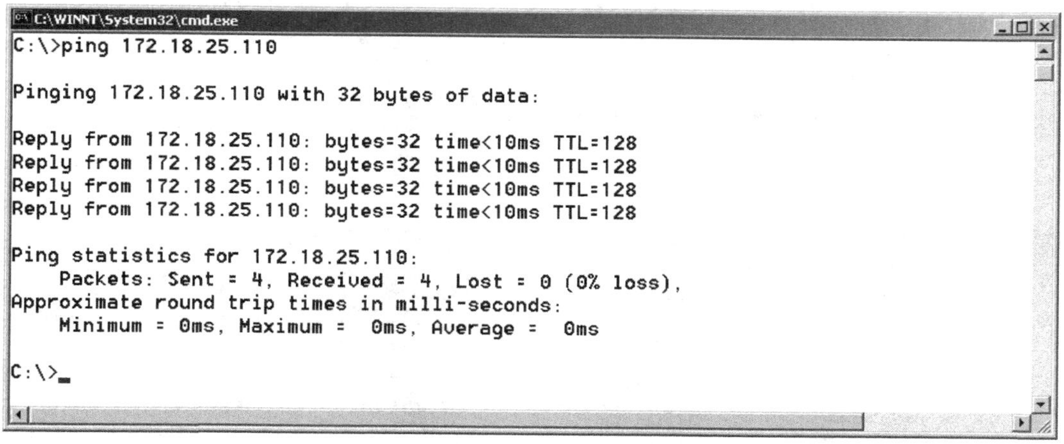

C:\WINNT\System32\cmd.exe
C:\>ping 172.18.25.110
Pinging 172.18.25.110 with 32 bytes of data:
Reply from 172.18.25.110: bytes=32 time<10ms TTL=128
Reply from 172.18.25.110: bytes=32 time<10ms TTL=128
Reply from 172.18.25.110: bytes=32 time<10ms TTL=128
Reply from 172.18.25.110: bytes=32 time<10ms TTL=128
Ping statistics for 172.18.25.110:
Packets: Sent = 4, Received = 4, Lost = 0 (0% loss),
Approximate round trip times in milli-seconds:
Minimum = 0ms, Maximum = 0ms, Average = 0ms
C:\>

图 8. 33　Ping 命令

从图 8. 33 中可以看出，TTL 值为 128，说明该主机的操作系统是 Windows 2000。表 8. 1 给出了一些常见操作系统的对照值。

表 8.1　TTL 值与操作系统类型的关系

操作系统类型	TTL 返回值
Windows 2000	128
Windows NT	107
Windows 9x	128 或 127
Solaris	252
IRIX	240
AIX	247
Linux	241 或 240

修改 TTL 的值，入侵者就无法入侵这台计算机了。比如将操作系统的 TTL 值改为 111。方法是在注册表中修改主键 HKEY_LOCAL_MACHINE 的子键：SYSTEM＼CurrentControlSet＼Services＼Tcpip＼Parameters 中 defaultTTL 的键值。如果没有，则新建一个双字节项defaultTTL，如图 8.34 所示；然后将其值改为十进制的 111，如图 8.35 所示。设置完毕，重新启动计算机，再用 Ping 指令，发现 TTL 的值已经被改成 111 了，如图 8.36 所示。

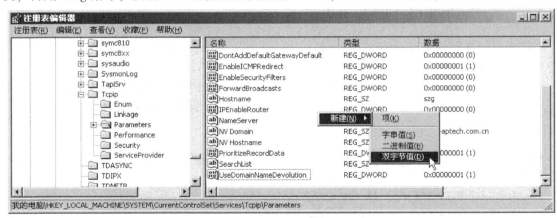

图 8.34　新建 defaultTTL 键

图 8.35　修改 TTL 的值

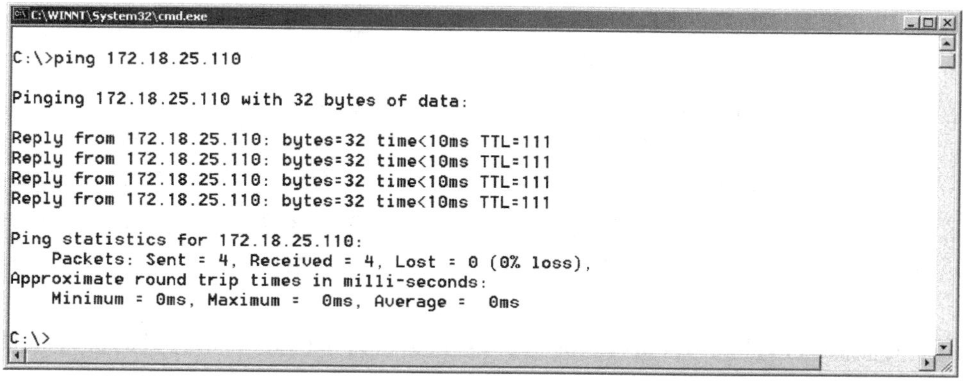

```
C:\WINNT\System32\cmd.exe                                    _ □ ×

C:\>ping 172.18.25.110

Pinging 172.18.25.110 with 32 bytes of data:

Reply from 172.18.25.110: bytes=32 time<10ms TTL=111
Reply from 172.18.25.110: bytes=32 time<10ms TTL=111
Reply from 172.18.25.110: bytes=32 time<10ms TTL=111
Reply from 172.18.25.110: bytes=32 time<10ms TTL=111

Ping statistics for 172.18.25.110:
    Packets: Sent = 4, Received = 4, Lost = 0 (0% loss),
Approximate round trip times in milli-seconds:
    Minimum = 0ms, Maximum = 0ms, Average = 0ms
C:\>
```

图 8.36　TTL 值修改成功

8.2.10　备份重要资料

一旦系统里的资料被黑客破坏，使用备份盘将是恢复资料的唯一途径。常用的备份方法如下。

1. 使用 U 盘、光盘等存储介质进行备份

备份完资料后，把备份盘放在安全的地方，防止丢失或被盗窃。

2. 服务器备份

这种备份方法要防止服务器被攻击者攻破，信息被窃取，因此建议对服务器里备份的文件进行加密。

3. 网盘备份

可以采用百度网盘进行资料备份。但是这种方法如果是免费的，则备份的速度太慢了。如果希望速度快的话，要向提供服务的公司交服务费。

4. 采用电子邮箱备份

对于有些企业用户来说，电子邮箱的空间是非常大的，有的甚至是无限大。这样就可以把一些资料备份到电子邮箱里。

以上备份方法各有优缺点，可以根据自己的需要进行选择。

8.3　安装 Windows 操作系统的注意事项

如何才能安装一个安全的操作系统？这是我们经常会遇到的一个问题。安装一个安全的操作系统可以采用以下几步：

（1）断开网络。包括物理上拔掉网线、关闭无线网络。以前有人安装操作系统的时候，没有断网，则在安装过程中病毒又进来了。

（2）格式化硬盘。如果是旧的计算机重新安装操作系统，则需要把所有硬盘都格式化；如果是新机器，则不用格式化。以前，有人给旧机器安装新操作系统的时候，由于没有格式化硬盘，硬盘里的病毒依然在里面，后来病毒还是发作了。

（3）安装操作系统。

（4）安装软件防火墙，如诺顿防火墙、天网防火墙、瑞星防火墙等。

（5）安装防病毒软件，如诺顿、瑞星、江民、金山、360等。

（6）安装防恶意软件的软件，如360安全卫士、瑞星卡卡、超级兔子等。

（7）对操作系统进行安全设置，如添加审核策略、密码策略、对账户进行管理等。

（8）插上网线。给操作系统安装补丁。可以采用360安全卫士等软件来安装补丁。

（9）更新防火墙软件、防病毒软件以及防恶意软件的软件（包括病毒库、恶意软件库等）。

（10）安装数据恢复软件EasyRecovery，这主要是为了防止计算机里的文件被误删除，或被病毒删除。使用EasyRecovery软件可以恢复。

（11）安装其他操作系统的应用软件。

思考题

1. 操作系统的安全目标是什么？
2. 如何保护操作系统的账户安全？
3. 如何给操作系统设置安全的账户密码？
4. 如何设置屏幕保护？
5. 如何关闭操作系统的共享功能？
6. 如何对压缩文件进行加密？
7. 如何对Word文件进行加密？
8. 备份计算机里资料的方法通常有哪些？
9. 怎样安装操作系统会更加安全？

第9章 计算机病毒与恶意软件

本章从计算机病毒的简介开始，分析了几种典型的计算机病毒，介绍了计算机病毒防护方法，最后还介绍了一些恶意软件。

9.1 计算机病毒概述

本小节主要介绍了计算机病毒的基本知识，包括计算机病毒的定义、发展历程、表现、传播途径、特征等。

9.1.1 计算机病毒简介

计算机病毒（Computer Virus）是攻击者编写的用于破坏计算机功能或者数据，能影响计算机的使用，并能自我复制的一组计算机指令或者程序代码。

计算机病毒是一段程序，一段可执行的代码。它就像生物病毒一样，也具有自我繁殖、传染以及激活再生等特征。计算机病毒有独特的复制能力，它们能够快速蔓延，又常常难以根除。它们能把自身附着在各种类型的文件上，当文件被复制或从一个用户传送到另一个用户时，它们就会随同文件一起蔓延开来。

计算机病毒与医学上的"病毒"不同，计算机病毒不是天然存在的，而是别有用心的人利用计算机软件和硬件所固有的脆弱性编制的一组指令集或程序代码。简单地说，所有计算机病毒都是人为编写的，不会是自然产生的，更不是计算机"生病"产生的，这一点要特别注意。

计算机病毒能潜伏在计算机的存储介质（或程序）里，条件满足时即被激活，通过修改其他程序的方法将自己的精确备份或者可能演化的形式放入其他程序中。从而感染其他程序，对计算机资源进行破坏。

9.1.2 计算机病毒的发展历程

对计算机病毒理论的构思可追溯到科幻小说。20世纪70年代，美国作家雷恩在其出版的小说《P-1的青春》中构思了一种能够自我复制，利用通信进行传播的计算机程序，并称之为计算机病毒。计算机病毒的发展大致分为如下几个阶段。

1. 第一阶段为原始病毒阶段

一般认为这一时期在1986年至1989年之间，由于当时计算机的应用软件少，而且大多是单机运行，因此病毒没有大量流行，种类也很有限，病毒的清除工作相对来说较容易。这一时期还有一些良性病毒，它们没有太多的破坏力，只是为了开个玩笑或进行版权保护。

这一时期计算机病毒的主要特点是：攻击目标较单一；主要通过截获系统中断向量的方式来监视系统的运行状态，并在一定的条件下对目标进行传染；病毒程序不具有自我保护的措施，容易被人们分析和解剖。

2. 第二阶段为混合型病毒阶段

其产生的年限在 1989 年至 1991 年之间，是计算机病毒由简单发展到复杂的阶段。局域网开始应用与普及，给计算机病毒带来了第一次流行高峰。

这一时期计算机病毒的主要特点为：攻击目标趋于混合；采取更为隐蔽的方法驻留内存和传染目标；病毒传染目标后没有明显的特征；病毒程序往往采取自我保护措施；出现许多病毒的变种等。

3. 第三阶段为多态性病毒阶段

此类病毒的主要特点是，在每次传染目标时，放入宿主程序中的病毒程序大部分都是可变的，因此防病毒软件查杀非常困难。如 1994 年在国内出现的"幽灵王"病毒就属于这种类型。这一阶段的病毒技术开始向多维化方向发展，有些病毒开始破坏计算机硬盘的引导扇区，使得计算机无法启动。

4. 第四阶段为网络病毒阶段

从 20 世纪 90 年代中后期开始，随着国际互联网的发展壮大，依赖互联网络传播的邮件病毒和宏病毒等开始大量涌现。这一时期病毒传播快、隐蔽性强、破坏性大。也就是从这一阶段开始，反病毒产业开始萌芽并逐步形成一个规模宏大的新兴产业。

5. 第五阶段为主动攻击型病毒

典型代表为 2003 年出现的"冲击波"病毒和 2004 年流行的"震荡波"病毒。这些病毒利用操作系统和网络的漏洞进行进攻型的扩散，并且不需要任何媒介或操作，用户只要接入互联网络就有可能被感染，而且破坏性非常大。正因为如此，该病毒的危害性更大。

6. 第六阶段为"手机病毒"阶段

随着移动通信网络的发展以及移动终端——手机功能的不断强大，计算机病毒开始从传统的互联网络走进移动通信网络世界。与互联网用户相比，手机用户覆盖面更广、数量更多，因而高性能的手机病毒一旦爆发，其危害和影响比"冲击波""震荡波"等互联网病毒还要大。

7. 第七阶段为"勒索病毒"阶段

勒索病毒是一种新型计算机病毒，主要以邮件、程序木马、网页挂马的形式进行传播。该病毒性质恶劣、危害极大，一旦感染将给用户带来无法估量的损失。这种病毒利用各种加密算法对文件进行加密，被感染者一般无法解密，必须拿到解密的私钥才有可能破解。当然，要拿到解密的私钥就要给攻击者比特币等钱财。因此，这一时期计算机病毒的特点就是勒索钱财。

9.1.3 计算机病毒发作时的表现

如果计算机出现如下特征，则有可能是感染计算机病毒了，并且病毒正在发作，需要紧急处理。

（1）计算机屏幕上出现不应有的特殊字符或图像、字符无规则改变或脱落、静止、滚动、雪花、跳动、小球亮点、莫名其妙的信息提示等。

（2）计算机在没有人为操作的条件下发出尖叫、蜂鸣音或非正常奏乐等。

（3）经常无故死机，随机地发生重新启动或无法正常启动，运行速度明显下降，内存空间变小，磁盘驱动器以及其他设备无缘无故地变成无效设备等现象。

像"新快乐时光"病毒，会感染 HTM、ASP、PHP、HTML、VBS、HTT 等网页文件，被感染的逻辑盘的每个目录都生成 desktop. ini、folder. htt 文件，病毒交叉感染使得操作系统速度变慢。而像"冲击波"等蠕虫病毒，由于病毒发作后会开启上百个线程来扫描网络，或是利用自带的发信模块向外狂发带毒邮件，大量消耗系统资源，因此这种计算机病毒会使操作系统运行得很慢，严重时甚至"死机"。

（4）磁盘标号被自动改写、出现异常文件、出现固定的坏扇区、可用磁盘空间变小、文件无故变大、失踪或被改乱、可执行文件无法运行等。

文件型病毒在感染文件后会增加文件长度，如果发现文件长度莫名其妙地发生了变化，就可能是感染了病毒。同时，病毒在感染文件过程中会不断自我复制，并占用硬盘的存储空间。如果你发现在没有安装任何文件的情况下，硬盘容量不断减少（一些系统中存在的缓存文件和网页残留信息不是病毒），这时计算机有可能是感染病毒了。

（5）打印异常、打印速度明显降低、不能打印、不能打印汉字与图形等，或打印时出现乱码。

（6）收到来历不明的电子邮件、自动链接到陌生的网站、自动发送电子邮件等。

（7）文件的正常图标被无故更换。

（8）在 DOS 环境下，输入"netstat -ano"命令，看到计算机上不断有连接生成。如图 9.1 所示为在 DOS 环境下，使用"netstat -ano"命令查看计算机的有效连接情况。

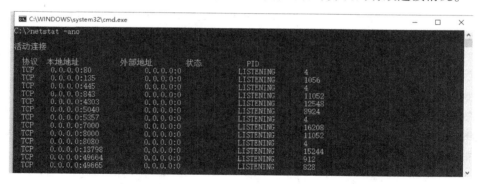

图 9.1　查看计算机的有效连接

9.1.4　计算机病毒的传播途径

计算机病毒有许多传输方式和传输路径。由于计算机本身的主要功能之一是对信息的复制和传播，这意味着计算机病毒也可以进行复制和传播。通常，可以传输信息的地方都可以进行病毒传播。计算机病毒有以下三种主要的传播途径。

1. 通过移动存储设备进行计算机病毒传播

存储设备，如光盘、U 盘、手机、移动硬盘等，都可以是传播病毒的路径，而且因为它们经常被移动和使用，所以它们更容易得到计算机病毒的"青睐"，成为计算机病毒的载体。

2. 通过计算机网络进行传播

通过网络传播也有很多不同的方法，如网页、电子邮件、QQ、BBS、微信、软件下载等都可以是计算机病毒网络传播的方式。特别是近年来，随着互联网的发展和网民数量的不断增加，计算机病毒的传播速度越来越快，范围也在逐步扩大。

3. 利用计算机系统和应用软件的弱点或漏洞进行传播

近年来，越来越多的计算机病毒利用软件的弱点进行传播。例如，有些病毒加载在正常软件的后面，只要用户运行了正常软件，那么计算机病毒也就运行了。

9.1.5 计算机病毒的特征

生物病毒有其自身的特征，同样计算机病毒也有它的特征。简单来说计算机病毒包括如下一些特征。

1. 繁殖性

计算机病毒可以像生物病毒一样进行繁殖，当正常程序运行时，它也在进行自我复制。是否具有繁殖、感染的特征，是判断某段程序是否为计算机病毒的首要条件。

2. 破坏性

计算机中毒后，可能会导致正常的程序无法运行，并删除计算机内的文件或使其受到不同程度的损坏。如破坏引导扇区及 BIOS、破坏硬件环境。

3. 传染性

计算机病毒的传染性是指计算机病毒通过修改别的程序将自身的副本或其变体传染到其他无毒的对象上，这些对象可以是一个程序也可以是系统中的某一个部件。

4. 潜伏性

计算机病毒的潜伏性是指计算机病毒可以依附于其他媒体寄生的能力，侵入后的病毒会一直潜伏下去，直到条件成熟才发作，从而使计算机进行变慢。

5. 隐蔽性

计算机病毒具有很强的隐蔽性，通过病毒软件只能检查出来少数，而且隐蔽性强的计算机病毒时隐时现、变化无常，处理起来非常困难。

6. 可触发性

编制计算机病毒的人，一般都为病毒程序设定了一些触发条件，例如，系统时钟的某个时间或日期、系统运行了某些程序等。一旦条件满足，计算机病毒就会"发作"，使系统遭到破坏。

9.2 典型的计算机病毒分析

本小节介绍了几种典型的计算机病毒的原理，目的是让读者对计算机病毒有一个形象的认识。

9.2.1 "大脑"（Brain）病毒

"大脑"（Brain）病毒，诞生于 1986 年，是世界上公认的第一个在个人计算机上广泛流行的病毒。编写该病毒的是一对巴基斯坦兄弟，他们经营着一家计算机公司，以出售自己编制的计算机软件为生。当时，由于当地盗版软件猖獗，为了防止软件被任意非法复制，同时也为了追踪到底有多少人在非法使用他们的软件，于是在 1986 年年初，他们编写了"大脑"病毒。该病毒运行在 DOS 操作系统下，通过软盘传播，只在盗拷软件时才发作，发作时会将盗拷者的硬盘剩余空间吃掉。如图 9.2 所示为早期复制软件使用的 3.5 英寸软盘和软驱。

图 9.2　3.5 英寸软盘和软驱

9.2.2　CIH 病毒

CIH 病毒是由我国台湾的一位名叫陈盈豪（见图 9.3）的大学生在 1998 年编写的。CIH 的载体是一个名为 "ICQ 中文 Chat 模块" 的工具，并以热门盗版光盘游戏如《古墓丽影》或 Windows95/98 为媒介，经互联网各网站互相转载，使其迅速传播。

CIH 病毒属文件型病毒，其别名有 Win95. CIH、Spacefiller、Win32. CIH、PE_CIH，它主要感染 Windows95/98 下的可执行文件（PE 格式，Portable Executable Format）。

据统计，CIH 病毒初次发作共造成全球 6000 万台计算机瘫痪，其中韩国损失最为严重，共有 30 万台计算机中毒，占其全国计算机总数的 15% 以上。土耳其、孟加拉、新加坡、马来西亚、俄罗斯、中国的计算机均惨遭 CIH 病毒的袭击。病毒随后通过网络传播到全世界各个角落。

图 9.3　陈盈豪

CIH 病毒属文件型病毒，杀伤力极强。主要表现是，病毒发作后，硬盘数据会全部丢失，甚至主板上 BIOS 中的内容也会被彻底破坏，主机无法启动。只有更换 BIOS，或是向固定在主板上的 BIOS 中重新写入原来版本的程序，才能解决问题。据估计，该病毒在全球范围内造成了上亿美元的损失。

9.2.3　"梅丽莎"（Melissa）病毒

"梅丽莎"病毒是 1998 年春天由美国人大卫·L. 史密斯运用 Word 的宏编写的一个计算机病毒，其主要是通过邮件传播。邮件的标题通常为 "这是给你的资料，不要让任何人看见"，如图 9.4 所示。

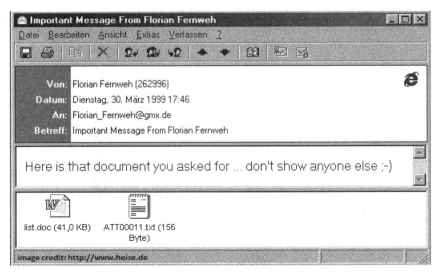

图 9.4 "梅丽莎"病毒

一旦收件人打开邮件，病毒就会自动向用户通信录的前 50 位好友复制并发送同样的邮件。Macro. Word97. Melissa（梅丽莎病毒）发作时将关闭 Word 的宏病毒防护、打开转换确认、模板保存提示；使"宏"和"安全性"命令不可用，并设置安全性级别为最低。

1999 年 3 月 26 日，星期五，"梅丽莎"病毒登上了全球各地报纸的头版。据估计，这个 Word 宏脚本病毒感染了全球 15%～20% 的商用 PC。病毒传播速度之快令英特尔公司（Intel）、微软公司（Microsoft）以及其他许多使用 Outlook 软件的公司措手不及。为了防止损害，他们被迫关闭了整个电子邮件系统。这个病毒给全球造成的模块约 5 亿美元。

尽管这种病毒不会删除计算机系统文件，但它引发的大量电子邮件会阻塞电子邮件服务器，使之瘫痪。1999 年 4 月 1 日，在美国在线的协助下，美国政府将史密斯捉拿归案。2002 年 5 月 7 日美国联邦法院判决这个病毒的制造者入狱 20 个月和附加处罚，这是美国第一次对重要的计算机病毒制造者进行严厉惩罚。

9.2.4 "爱虫"（I love you）病毒

"爱虫"病毒（VBS. LoveLetter），又称"我爱你"（I Love You）病毒，是一种蠕虫病毒，它与梅丽莎病毒非常相似。这种病毒可以改写本地及网络硬盘上面的某些文件，如 VBS、HTA、JPG、MP3 等十几种文件。用户机器染毒以后，邮件系统将会变慢，并可能导致整个网络系统崩溃。

2000 年 5 月 4 日，该病毒在全球各地迅速传播，短短的一两天内就侵袭了 100 多万台计算机。这个病毒是通过微软的 Outlook 电子邮件系统传播的，邮件的主题为 "I Love You"，并包含一个附件。一旦在微软的 Outlook 里打开这个邮件，系统就会自动复制并向地址簿中的所有邮件地址发送这个病毒。如图 9.5 所示为"爱虫"病毒。

"新爱虫"病毒（VBS. NewLove）同"爱虫"病毒一样，通过 Outlook 传播，用户在打开病毒邮件的附件时会观察到计算机的硬盘灯狂闪，系统速度显著变慢，计算机中出现大量扩展名为 VBS 的文件。所有快捷方式都被改变为与系统目录下的 w. exe 建立关联，进一步消耗系统资源，造成系统崩溃。估计这个病毒给全球造成超过 100 亿美元的经济损失。

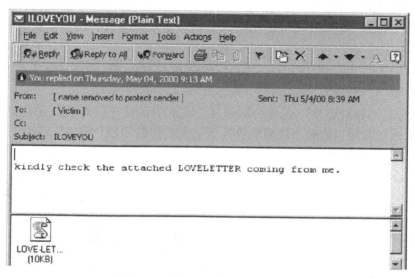

图 9.5　"爱虫（I love you）"病毒

9.2.5　红色代码（Code Red）

红色代码是一种计算机蠕虫病毒，它能够通过网络服务器和互联网进行传播。2001 年 7 月 13 日，红色代码从网络服务器上传播开来。该病毒专门针对运行微软互联网信息服务软件的网络服务器来进行攻击。

其实早在 2001 年 6 月，微软曾经发布了一个补丁程序来修补这个漏洞。但是大多数人都忽略了这个漏洞，从而不去安装补丁。

被红色代码感染后，遭受攻击的计算机所控制的网络站点上会显示这样的信息："你好！欢迎光临 www. worm. com！"（见图 9.6）。随后病毒便会主动寻找其他易受攻击的主机进行感染。这个行为会持续大约 20 天，之后它便对某些特定 IP 地址发起拒绝服务（DoS）攻击。不到一周就感染了近 40 万台服务器，100 万台计算机受到感染。给全球造成的经济损失约 26 亿美元。

图 9.6　红色代码病毒

9.2.6 "熊猫烧香"病毒

2006年底，中国互联网上大规模爆发"熊猫烧香"病毒及其变种，这种病毒将感染的所有程序文件图标改成熊猫举着三根香的模样，如图9.7所示。它还具有盗取用户游戏账号、QQ账号等功能。造成上百万个人用户、网吧及企业局域网用户遭受感染和破坏，引起社会各界高度关注，被称为2006年的"毒王"。

据警方调查，"熊猫烧香"病毒的制作者为湖北省武汉市的李俊（见图9.8），另外五名犯罪嫌疑人通过改写、传播"熊猫烧香"等病毒，构建"僵尸网络"，通过盗窃各种游戏和QQ账号等方式非法牟利。

图 9.7 "熊猫烧香"病毒图标

图 9.8 "熊猫烧香"病毒的制作者李俊

目前，只要安装常用的杀病毒软件，都能查杀这种病毒。

9.2.7 勒索病毒

2017年12月13日，"勒索病毒"入选国家语言资源监测与研究中心发布的"2017年度中国媒体十大新词语"。据监测和评估，2018年全年，勒索病毒总计对超过300万台终端发起过攻击，攻击次数高达1700万余次，且整体呈上升趋势。

勒索病毒文件一旦进入本地，就会自动运行，并删除杀毒软件病毒特征库中的勒索软件样本，以躲避查杀和分析。接下来，勒索病毒利用本地的互联网访问权限连接至黑客的服务器，进而上传本机信息并下载加密私钥与公钥，利用私钥和公钥对文件进行加密。除了病毒开发者本人，其他人是几乎不可能解密的。加密完成后，病毒还会修改壁纸，在桌面等明显位置生成勒索提示文件，指导用户缴纳赎金。该病毒的变种产生速度非常快，对常规的杀毒软件都具有免疫性。

9.3 计算机病毒防护方法

互联网上的病毒无时无刻不在窥视着我们的计算机，随时都有可能对我们的系统发出攻击。但计算机病毒也不是不可控制的，可以通过以下几个方面来减少计算机病毒给计算机带来的破坏。

1. 安装杀毒软件

安装最新的杀毒软件，经常升级杀毒软件病毒库，定时对计算机进行"健康体检"。市面上的杀毒软件有很多种，如国外的诺顿、卡巴斯基等，国内的江民、瑞星、金山、360等。这些杀毒软件多数都是免费的，要注意经常更新病毒库。

上网时要开启杀毒软件的实时防护，如图 9.9 所示。培养良好的上网习惯，例如：对不明电子邮件和附件不要打开，可能带有病毒的网站尽量不要访问，尽可能使用较为复杂的密码，因为猜测简单密码是许多计算机病毒攻击系统的一种新方式。

只要按照上面的方法来做，计算机系统感染病毒的可能性就非常小了。如果计算机系统不小心感染上了病毒，杀毒软件也会自动提示并将其删除，如图 9.10 所示。

图 9.9　开启实时防护

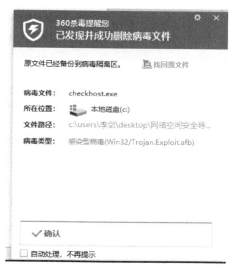

图 9.10　杀毒软件的提示

2. 不要执行从网络下载后未经杀毒处理的软件

网上下载的软件要尽量从正规的网站下载，下载后最好用杀毒软件查杀一下。不要随便在陌生的网站下载软件，加强自我保护。现在有很多恶意网站，其所提供的软件大多被潜入了恶意代码，一旦被用户打开，即会被植入木马或其他病毒。

3. 尽量减少使用移动存储设备

培养自觉的网络安全意识，在使用移动存储设备时，尽可能不要让别人使用这些设备，因为移动存储是计算机进行传播的主要途径，也是计算机病毒攻击的主要目标，在对信息安全要求比较高的场所，应将计算机上面的 USB 接口封闭，有条件的情况下还应该做到专机专用。

4. 给操作系统和软件安装补丁

用 Windows Update 或专用软件（如 360 安全卫士）给操作系统安装补丁，同时，将应用软件升级到最新版本。避免病毒以网页木马的方式入侵到系统或者通过其他应用软件漏洞来进行病毒的传播；尽快将受到病毒侵害的计算机进行隔离，在使用计算机的过程中，若发现计算机上存在病毒或者是计算机异常时，应该及时中断网络，以免病毒在网络中传播。如图 9.11 所示为使用 360 安全卫士给系统安装补丁。

图 9.11　360 安全卫士补漏洞

5. 经常关注我国国家计算机病毒应急处理中心

我国的国家计算机病毒应急处理中心的网站是 www.cverc.org.cn（见图 9.12）。这个网站上经常有各种关于计算机病毒的最新信息。有了这些信息之后，可以对计算机病毒进行更好的防护。另外，如果发现有新的计算机病毒或不能处理的计算机病毒，也可以向这个中心汇报，请求帮助。

图 9.12　国家计算机病毒应急处理中心

9.4　恶意软件

恶意软件俗称"流氓软件"，是对破坏系统正常运行的软件的统称。恶意软件介于病毒软件和正规软件之间，同时具备正常功能（下载、媒体播放等）和恶意行为（弹广告、开后门），给用户带来实质危害。

9.4.1　恶意软件概述

在我国，对于恶意软件最权威的定义要属中国互联网协会反恶意软件协调工作组对恶意软件的定义。2006年，中国互联网协会反恶意软件协调工作组在充分听取成员单位意见的基础上，最终确定了"恶意软件"定义并向社会公布。

恶意软件俗称"流氓软件"，是指在未明确提示用户或未经用户许可的情况下，在用户计算机或其他终端上安装运行，侵害用户合法权益的软件，但不包含我国法律法规规定的计算机病毒。

具有下列特征之一的软件可以被认为是恶意软件。

（1）强制安装：指未明确提示用户或未经用户许可，在用户计算机或其他终端上安装软件的行为。

（2）难以卸载：指未提供通用的卸载方式，或在不受其他软件影响、人为破坏的情况下，卸载后仍然有活动程序的行为。

（3）浏览器劫持：指未经用户许可，修改用户浏览器或其他相关设置，迫使用户访问特定网站或导致用户无法正常上网的行为。

（4）广告弹出：指未明确提示用户或未经用户许可，利用安装在用户计算机或其他终端上的软件弹出广告的行为。

（5）恶意收集用户信息：指未明确提示用户或未经用户许可，恶意收集用户信息的行为。

（6）恶意卸载：指未明确提示用户、未经用户许可，或误导、欺骗用户卸载其他软件的行为。

（7）恶意捆绑：指在软件中捆绑已被认定为恶意软件的行为。

（8）其他侵害用户软件安装、使用和卸载知情权、选择权的恶意行为。

中国互联网协会在反恶意软件问题上始终采用公正、透明的工作机制。目的是通过行业自律的方式约束互联网企业的行为，维护互联网用户的合法权益，维护良好的网络环境。

9.4.2　恶意软件的类型

恶意软件根据表现可以分为以下9类。

1. 广告软件

广告软件（Adware）是指未经用户允许，下载并安装或与其他软件捆绑，并通过弹出式广告或以其他形式进行商业广告宣传的程序。

2. 间谍软件

间谍软件（Spyware）是能够在使用者不知情的情况下，在用户计算机上安装后门程序的软件。用户的隐私数据和重要信息会被那些后门程序捕获，甚至这些"后门程序"还能使黑客远程操纵用户的计算机。

3. 浏览器劫持

浏览器劫持是一种恶意程序，通过 DLL 插件、BHO、Winsock LSP 等形式对用户的浏览器进行篡改。

4. 行为记录软件

行为记录软件（Track Ware）是指未经用户许可，窃取、分析用户隐私数据，记录用户使用计算机、访问网络习惯的软件。

5. 恶意共享软件

恶意共享软件（Malicious Shareware）是指采用不正当的捆绑或不透明的方式强制安装在用户的计算机上，并且利用一些病毒常用的技术手段造成软件很难被卸载或采用一些非法手段诱骗用户购买的免费、共享软件。

6. 搜索引擎劫持

搜索引擎劫持是指未经用户授权，自动修改第三方搜索引擎结果的软件。

7. 自动拨号软件

自动拨号软件是指未经用户允许，自动拨叫预先设定的电话号码的程序。

8. 网络钓鱼

网络钓鱼（Phishing）一词，是"Fishing"和"Phone"的综合体，由于黑客始祖起初是以电话作案，所以用"Ph"来取代"F"，创造出了"Phishing"，Phishing 的发音与 Fishing 相同。

9. ActiveX 控件

ActiveX 是指无论以任何语言产生的软件都能在网络环境中实现互操作性的一种技术。ActiveX 建立在微软的组件对象模型（Component Object Model，COM）基础上。尽管 ActiveX 能用于桌面应用程序和其他程序，但目前主要用于开发万维网上的可交互内容。

9.4.3 恶意软件的清除

防止恶意软件入侵可以采取如下方法。

（1）养成良好健康的上网习惯，不访问不良网站，不随便打开小广告。

（2）下载安装软件时尽量到该软件的官方网站，或者信任度高的下载站点进行下载。

（3）安装软件的时候每个安装步骤最好能仔细看清楚，防止捆绑软件入侵。

（4）安装如 360 安全卫士等安全类软件，定时对系统做诊断，查杀恶意软件。如图 9.13 所示为 360 安全卫士的主界面。

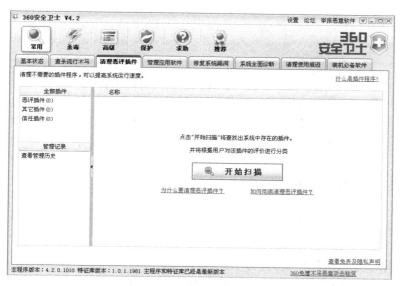

图 9.13　360 安全卫士的主界面

思考题

1. 什么是计算机病毒？
2. 勒索病毒发作时都有哪些表现？
3. 计算机病毒的传播途径有哪些？
4. 计算机病毒有哪些特征？
5. 如何防止计算机被病毒感染？
6. 什么是恶意软件？
7. 恶意软件都有哪些特征？

第10章 信息安全管理

本章主要介绍信息安全管理相关知识，包括信息安全管理的体系、构建信息安全管理体系的步骤、单位日常网络安全管理制度、网络安全相关法律法规等。

10.1 信息安全管理概述

信息安全主要包括信息的保密性、完整性、可用性、可控性和可审查性等要素。这些要素也是信息安全的目的，主要归结为5点。

（1）进不来。使用访问控制机制，阻止非授权用户进入网络，保证网络可用性。

（2）拿不走。使用授权机制，实现用户权限控制，同时结合内容审计机制，实现网络资源与信息的可控性。

（3）看不懂。使用加密机制，确保信息不暴露给未授权的实体，实现信息的保密性。

（4）改不了。使用数据完整性鉴别机制，保证只有得到允许的人才能修改数据，确保信息完整性。

（5）走不脱。使用审计、监控、防抵赖等安全机制，使得攻击者、破坏者、抵赖者留有痕迹，实现信息的可审查性。

以上5点，主要是依靠信息安全管理来实现的。"三分技术，七分管理"是网络安全领域的一句至理名言，其原意是：网络安全中的30%依靠计算机系统信息安全设备和技术保障，而70%则依靠用户安全管理意识的提高以及管理模式的改进。

10.1.1 信息安全管理模式

在信息安全管理方面，BS-7799标准提供了指导性建议，即基于PDCA（Plan、Do、Check和Act，即戴明环）的持续改进的管理模式，如图10.1所示。

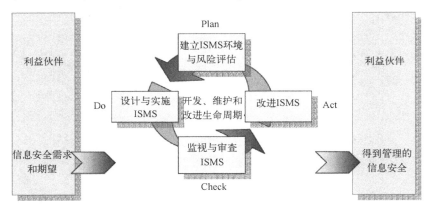

图10.1 PDCA 信息安全管理模式

PDCA（Plan、Do、Check 和 Act）是管理学中的一个过程模型，最早是由休哈特（Walter Shewhart）于 20 世纪 30 年代构想的，后来被戴明（Edwards Deming）采纳、推广并运用于持续改善产品质量的过程当中。随着全面质量管理理念的深入发展，PDCA 最终得以普及。

作为一种抽象模型，PDCA 把相关的资源和活动抽象为过程进行管理，而不是针对单独的管理要素开发单独的管理模式，这样的循环具有广泛的通用性，因而很快从质量管理体系（Quality Management System，QMS）延伸到其他各个管理领域，包括环境管理体系（Environmental Management System，EMS）、职业健康安全管理体系（Occupational Health and Safety Management System，OHSMS）和信息安全管理体系（Information Security Management System，ISMS）。

为了实现 ISMS，组织应该在计划（Plan）阶段通过风险评估来了解安全需求，然后根据需求设计解决方案；在实施（Do）阶段将解决方案付诸实现；解决方案是否有效？是否有新的变化？应该在检查（Check）阶段予以监视和审查；一旦发现问题，需要在措施（Act）阶段予以解决，以便改进 ISMS。通过这样的过程周期，组织就能将确切的信息安全需求和期望转化为可管理的信息安全体系。

概括起来，PDCA 模型具有以下特点，同时也是信息安全管理工作的特点。

1）PDCA 顺序进行，依靠组织的力量来推动，像车轮一样向前进，周而复始，不断循环，持续改进。

2）组织中的每个部门，甚至每个人，在履行相关职责时，都是基于 PDCA 这个过程的，如此一来，对管理问题的解决就成了大环套小环并层层递进的模式。

3）每经过一次 PDCA 循环，都要进行总结，巩固成绩，改进不足，同时提出新的目标，以便进入下一次更高级的循环。

10.1.2　信息安全管理体系

信息安全管理是全世界都非常重视的事情，许多国家和国际组织都出台了相应的信息安全管理标准体系（Information Security Management System，ISMS）。信息安全管理体系的概念最初来源于英国标准学会制定的 BS-7799 标准，并伴随着其作为国际标准的发布和普及而被广泛地接受。

ISO/IEC JTC1 SC27 信息安全分技术委员会是制定和修订 ISMS 标准的国际组织。ISO/IEC 27001：2013《信息技术　安全技术　信息安全管理体系　要求》是 ISMS 认证所采用的标准。目前，我国已经将其等同转化为中国国家标准 GB/T 22080—2016（ISO/IEC 27001：2013）。

ISO/IEC 27000 族是国际标准化组织专门为 ISMS 预留下来的一系列相关标准的总称。目前，国际标准化组织（ISO）正在不断地扩充和完善 ISMS 系列标准，使之成为由多个成员标准组成的标准族。

10.1.3　构建信息安全管理体系步骤

1. 建立一个完整的信息安全管理体系步骤

建立一个完整的信息安全管理体系可以采用如下步骤：

（1）定义范围；

（2）定义方针；

（3）确定风险评估的方法；

（4）识别风险；

（5）评估风险；

（6）识别并评估风险处理的措施；

（7）为处理风险选择控制目标和控制措施；

（8）准备适用性声明。

2. 构建信息安全管理体系的关键因素

构建一个成功的信息安全管理体系的关键因素如下：

（1）最高领导层对管理体系的承诺；

（2）体系与整个组织文化的一致性，与业务营运目标的一致性；

（3）理清职责权限；

（4）有效的宣传、培训，意识提升，不仅要针对内部员工，也要针对合作伙伴、供应商、外包服务商等；

（5）盘点信息资产、明确信息安全的要求，明晰风险评估和处理的方法和流程；

（6）均衡的测量监控体系，持续监控各种变化，从监控结果中寻求持续改进的机会。

3. HTP 模型

信息安全的建设是一个系统工程，它需要对信息系统的各个环节进行统一的综合考虑、规划和构架，并要时时兼顾组织内不断发生的变化，任何环节上的安全缺陷都会对系统构成威胁。可以引用管理学上的木桶原理加以说明。木桶原理指的是：一个木桶由许多块木板组成，如果组成木桶的这些木板长短不一，那么木桶的最大容量不是取决于长的木板，而是取决于最短的那块木板。这个原理同样适用于信息安全。一个组织的信息安全水平将由与信息安全有关的所有环节中最薄弱的环节决定。信息从产生到销毁的生命周期过程中包括了产生、收集、加工、交换、存储、检索、存档、销毁等多个事件，表现形式和载体会发生各种变化，这些环节中的任何一个都可能影响整体信息安全水平。要实现信息安全目标，一个组织必须使构成安全防范体系这只"木桶"的所有木板都要达到一定的长度。从宏观的角度来看，信息安全可以由以下 HTP 模型来描述：人员与管理（Human and management）、技术与产品（Technology and products）、流程与体系（Process and Framework），如图 10.2 所示。

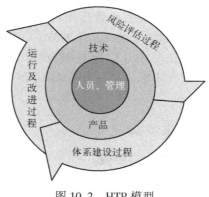

图 10.2　HTP 模型

其中，人是信息安全最活跃的因素，人的行为是信息安全保障最主要的方面。人（特别是内部员工）既可以是对信息系统的最大潜在威胁，也可以是最可靠的安全防线。统计结果表明，在所有的信息安全事故中，只有20%~30%是由于黑客入侵或其他外部原因造成的，70%~80%是由于内部员工的疏忽或有意泄密造成的。站在较高的层次上来看信息和网络安全的全貌就会发现安全问题实际上都是人的问题，单凭技术是无法实现从"最大威胁"到"最可靠防线"转变的。以往的各种安全模型，其最大的缺陷是忽略了对人的因素的考虑，在信息安全问题上，要以人为本，人的因素比信息安全技术和产品的因素更重要。与人相关的安全问题涉及面很广，从国家的角度考虑有法律、法规、政策问题；从组织角度考虑有安全方针政策程序、安全管理、安全教育与培训、组织文化、应急计划和业务持续性管理等问题；从个人角度来看有职业要求、个人隐私、行为学、心理学等问题。在信息安全的技术防范措施上，可以综合采用商用密码、防火墙、防病毒、身份识别、网络隔离、可信服务、安全服务、备份恢复、PKI服务、取证、网络入侵陷阱、主动反击等多种技术与产品来保护信息系统安全，但不应把部署所有安全产品与技术和追求信息安全的零风险作为目标，那样做的安全成本太高，安全也就失去其意义。组织实现信息安全应采用"适度防范"（Rightsizing）的原则，就是在风险评估的前提下，引入恰当的控制措施，使组织的风险降到可以接受的水平，保证了组织业务的连续性和商业价值最大化，就达到了安全的目的。

信息安全不是一个孤立静止的概念，而是一个多层面、多因素的、综合的、动态的过程。一方面，如果组织凭着一时的需要，想当然去制定一些控制措施和引入某些技术产品，都难免存在挂一漏万、顾此失彼的问题，使得信息安全这只"木桶"出现若干"短板"，从而无法提高安全水平。正确的做法是遵循国内外相关信息安全标准与最佳实践过程，考虑到组织对信息安全的各个层面的实际需求，在风险分析的基础上引入恰当控制，建立合理安全管理体系，从而保证组织赖以生存的信息资产的安全性、完整性和可用性。另一方面，这个安全体系还应当随着组织环境的变化、业务发展和信息技术提高而不断改进，不能一劳永逸，一成不变。因此，实现信息安全需要完整的体系来保证。

10.2　单位日常网络安全管理制度

结合单位日常工作和信息安全管理的相关内容，需要为单位制定合适的网络安全管理制度与方法。本小节讲述一些实用的安全管理制度。

10.2.1　机房安全管理

机房安全管理主要是为强机房的安全性，杜绝人为因素对机房造成影响，为通信设备提供安全的运行环境，保证机房内设备处于最佳运行状态。主要包括如下内容。

（1）路由器、交换机、集线器和服务器以及通信设备是网络的关键设备，必须放置在机房内，不得自行配置或更换，更不能挪作他用。

（2）机房要保持清洁、卫生，并由专人全天候负责管理和维护（包括温度、湿度、电力系统、网络设备等），无关人员未经管理人员批准严禁进入机房。

（3）严禁易燃、易爆、易腐蚀、强磁物品及其他与机房工作无关的物品进入机房。

（4）建立机房登记制度，对本地局域网络的运行建立档案。未发生故障或故障隐患时当班人员不可对光纤、网线及各种设备进行任何调试，对所发生的故障、处理过程和结果等要做好详细登记。

（5）网管人员应做好网络安全工作，对服务器的各种账号严格保密。监控网络上的数据流，从中检测出攻击的行为并给予响应和处理。

（6）做好操作系统的补丁修正工作。

（7）网管人员统一管理计算机及其相关设备，完整保存计算机及其相关设备的驱动程序、保修卡及重要随机文件。

（8）计算机及其相关设备的报废要经过管理部门或专职人员鉴定，确认不符合使用要求后方可申请报废。

（9）制定数据管理制度。对数据实施严格的安全与保密管理，防止系统数据的非法生成、变更、泄露、丢失及破坏。当班人员应在数据库的系统认证、系统授权、系统完整性、补丁和修正程序方面做实时的修改。

（10）笔记本计算机要用专用锁锁上，防止有人顺手拿走。

10.2.2　网络层安全管理

（1）网络层安全管理员主要负责全公司网络（包含局域网、广域网）的系统安全性。

（2）负责日常操作系统、网管系统、邮件系统的安全补丁、漏洞检测及修补、病毒防治等工作。

（3）网络层安全管理员应经常保持对最新技术的掌握，实时了解 Internet 的动向，做到预防为主。

（4）良好周密的日志记录以及细致的分析经常是预测攻击、定位攻击，以及遭受攻击后追查攻击者的有力武器。察觉到网络处于被攻击状态后，网络安全管理员应确定攻击者的身份，并对其发出警告，提前制止可能的网络犯罪。若对方不听劝告，在保护系统安全的情况下可做善意阻击并向主管领导汇报。

（5）在做好本职工作的同时，应协助机房管理人员进行机房管理，严格按照机房制度执行日常维护。

（6）安全管理人员每月应向主管人员提交当月值班及事件记录，并对系统记录文件保存收档，以备查阅。

10.2.3　系统运行维护安全管理

（1）中心机房和办公区域隔离分设。未经负责人批准，不得在中心机房设备上编写、修改、更换各类软件系统及更改设备参数配置。

（2）各类软件系统的维护、增删、配置的更改，各类硬件设备的添加、更换必须经负责人书面批准后方可进行；必须按规定进行详细登记和记录，对各类软件、现场资料、档案整理存档。

（3）为确保数据的安全保密，对各业务单位、业务部门送交的数据及处理后的数据都必须按有关规定履行交接登记手续。

（4）部门负责人应定期或不定期对制度的执行情况进行检查，督促各项制度的落实，并将此作为人员考核的依据。

10.2.4 资产和设备安全管理

（1）网站管理中心所属范围内的所有设备及办公物品归属网站中心管理。

（2）严格执行上级管理部门有关设备管理的各项规章制度，对本中心管理的设备进行编号、登记，建立完善、准确的文档。

（3）购进设备时，网站中心有关负责人必须与供货人或调入人共同启封，核对设备规格、型号、数目及软件和文字资料，并进行质量检验。核对无误，验收合格后，方可签字并办理有关手续。

（4）实行设备领用人责任制，谁领用，谁使用，谁保管。

（5）对网站中心所属重要设备，要建立档案系统，保证技术资料完整。

（6）非网站中心工作人员，不得擅自启动、关闭、动用、迁移各种网络设备。

（7）从网站中心调出设备，必须经中心负责人认可批准后，方可调出。

（8）每半年，对网站中心的计算机网络设备进行一次全面检查和维护。

（9）每年末，网站中心对固定资产清查一次。

（10）每年对机房设备保管和使用环境评估检查一次，看是否达标，并及时采取积极措施进行改进。

（11）对于超过有效使用期的设备、淘汰设备或毁坏设备，按上级管理部门对固定资产设备的报废规章制度办理，并履行有关手续。

（12）网站设备使用和管理人员，应本着对国家财产负责的态度严格执行操作和管理程序。对因操作不当或管理不善而造成设备损失的，要追查责任，给予相应处罚，故意破坏的还要移交司法部门处理。对于工作认真负责，避免损失的，给予一定奖励。

10.2.5 数据安全管理

单位网站中心的数据安全主要由信息安全管理员负责。信息安全管理员的主要职责如下。

（1）信息安全管理员负责本中心的数据安全保护及管理工作，建立健全数据安全保护管理制度。

（2）信息安全管理员负责落实数据安全保护技术措施，保障本网络的运行安全和信息安全。

（3）负责防火墙、入侵检测系统、防病毒系统的策略制定。

（4）负责本中心审计系统的运行管理，对运行情况进行审计。

（5）负责本中心身份认证系统、权限管理和授权、单点登录系统的运行管理。

（6）负责本中心的防火墙、入侵检测系统、防病毒系统的运行管理，并定期升级。

（7）负责本中心相关日志的填写、收集、归档、管理。

（8）对本中心所发布的数据内容按照相关规定进行审核。

（9）发现有违反安全管理规定的行为，应当保留有关原始记录，并及时向相关管理部门报告。

（10）按照国家有关规定，负责删除本中心中含有违法内容的地址、目录或者关闭服务器。

10.2.6　备份与恢复管理

（1）备份与恢复管理的目的是为了确保计算机系统的数据安全，使得在计算机系统失效或数据丢失时，能依靠备份尽快地恢复系统和数据，保护关键应用数据的安全，保证数据不丢失。

（2）拥有重要系统或重要数据的服务器应该及时对数据进行备份，防止系统数据的丢失；涉及数据备份和恢复的服务器要由专人负责数据备份工作，并认真填写备份日志。

（3）网络服务器数据备份工作，由网站管理部负责，增量备份每日做一次，系统备份每周做一次。系统管理员在每周最后一个工作日，将数据库、网页文件、各主要硬件设备配置文件等做一次异机备份，数据保存一个季度。

（4）备份数据应该严格管理，妥善保存；备份数据资料保管地点应有防火、防热、防潮、防尘、防磁、防盗设施。

（5）数据的备份、恢复、转出、转入的权限都应严格控制。严禁未经授权将数据备份出系统，转给无关的人员或单位；严禁未经授权进行数据恢复或转入操作。

（6）一旦发生数据丢失或数据破坏等情况，要由系统管理员进行备份数据的恢复，以免造成不必要的麻烦或更大的损失。

1）全盘恢复一般应用在服务器发生意外灾难导致数据丢失、系统崩溃，或是有计划的系统升级、系统重组等。

2）个别文件数据恢复一般用于恢复受损的个别文件，或者在全盘恢复之后追加增量备份的恢复，以得到最新的备份。

（7）各级信息技术管理部门必须定期检查备份数据能否正常使用，对于需要刻录光盘的数据，应经过检验确保数据备份的完整性和可用性后，方可刻录光盘。

10.2.7　密码管理制度

1. 网络服务器密码口令的管理

（1）服务器和网络设备的管理账号密码由网络管理员持有，实行定期轮换制度，最长有效期不超过 90 天。

（2）更换服务器与网络设备密码时必须执行密码备案制度，以防遗失密码，同时告知主管领导备案密码。

（3）用户级密码如：网站、数据库系统、网站信息管理系统等用户账号必须专人专号，不得互相泄露密码。不同级别用户间不得交换账号使用，特殊情况须报告网络管理员处理。

（4）公共账号，如公共 FTP 等不能向中心以外人员泄露，对外传送文件必须使用临时 FTP。

（5）如发现密码及口令有泄密迹象，系统管理员要立刻报告部门负责人，严查泄露源头，同时更换密码。

2. 用户密码及口令的管理

（1）对于要求重新设定密码和口令的用户，用户必须与系统管理员商定密码及口令，由系统管理员备案后操作。

（2）公共账号密码变更，必须通知到相关部门。

（3）如果网络提供用户自我更新密码及口令的功能，用户应谨慎修改密码，并使其符合密码复杂度要求，修改后必须牢记密码。

10.2.8　信息安全责任制

（1）计算机安全工作制度体系的重点是规范内部人员行为和健全内部制约机制，要根据不断变化的情况，及时对计算机安全制度进行补充和完善，逐步形成完整、科学的计算机安全工作制度体系。

（2）基于信息系统网络管理任务的强化以及安全的动态特性，要求计算机信息系统加强对要害岗位人员在安全方面的管理，实行责权分配。

（3）要害岗位人员上岗前必须进行审查和业务技能考核，并进行必要的安全教育和培训，合格者方能上岗。

（4）要害岗位人员必须严格遵守保密法规和相关的计算机安全管理规定，承担相应岗位安全责任。

（5）系统管理员的安全职责是对所辖范围的计算机系统问题负责，参与计算机系统安全策略、计划、事件处理程序，以及计算机安全建设和运营方案的制定，负责系统的运行管理，实施系统安全细则，严格用户权限管理，记录系统安全事项，对进行系统操作的其他人员予以安全监督。及时排除系统故障，不得擅自改变系统功能，不得安装与系统无关的其他程序，发现漏洞及时处理。

（6）操作人员的安全职责是接受系统管理员的指导和监督，及时向系统管理员报告系统各种异常事件，严格执行系统操作规程和运行安全管理制度。

（7）重要网络设备应放在主机房内，其他人员不得对网络设备进行任何操作。

（8）内部网络的所有计算机设备不得直接与国际互联网相连接，必须实行物理隔离。

（9）定期进行主机设备的例行保养和预防性检修，制定主机设备故障维修规程并严格执行，重大故障应注意保护现场，进行应急处理并立即报告。

（10）必须按技术规程进行系统和用户数据的备份；系统和用户数据必须双备份，异地存放。关键系统应有灾难数据备份。

（11）应建立业务系统正常调账规程，并严格按规程操作，确保资金安全。

（12）必须有计算机病毒防范措施，有计算机预防和清除病毒的软件或硬件产品。

（13）各科室要加强计算机安全教育，宣传计算机犯罪的危害，提高全员计算机安全防范意识和法纪观念，自觉维护计算机安全。

10.2.9　安全事件的报告、处置管理制度和应急处置预案

1. 信息网络安全事件定义

（1）网站主页被恶意篡改、交互式栏目里发表反政府、分裂国家和色情内容的信息及

损害国家声誉的谣言。

（2）网络应用服务器被非法入侵，应用服务器上的数据被非法复制、修改、删除。

（3）在网站上发布的内容违反国家的法律法规、侵犯知识版权，已经造成严重后果。

2. 网络安全事件应急处理机构及职责

（1）设立信息网络安全事件应急处理指挥部，负责信息网络安全事件的组织指挥和应急处置工作。总指挥由中心主要负责人担任，副总指挥由分管主任担任，指挥部成员由各部门负责人组成。

（2）工作机构及职责。

1）网络监控组：网络监控的日常工作主要由网站管理部负责，应急处置预案启动后，网络监控工作由网站管理部、技术部共同负责，协同工作。

2）技术调查组：由技术部牵头，网站管理部提供协助，进行信息网络安全事件的调查取证等工作。应急处置预案启动后，网站管理部和技术部协同工作。

3）宣传外联组：由综合部负责，主要负责监督网站建设和管理，及网络安全宣传等工作。应急处置预案启动后，承担对外宣传和外联工作。

4）应急响应组：由网站管理部牵头，技术部门提供技术支持，负责对信息网络安全事件紧急处置等工作，及时断开连接、指导采取有关保护措施等。

3. 网络安全事件的报告与处置

事件发生并得到确认后，有关人员应立即将情况报告有关领导，由领导决定是否启动该预案，一旦启动该预案，有关人员应及时到位。

1）网络监控组在得到技术调查组的确认后应及时向当地公安机关报案。

2）技术调查组应在事件发生后 24 小时内写出事件书面报告报指挥部。报告应包括以下内容：事件发生的时间、地点、单位、内容，涉及计算机的 IP 地址、管理人、操作系统、应用服务，损失，事件性质及发生原因，以及事件处理情况及采取的措施；事故报告单位/人、报告时间等。

3）宣传外联组负责事件的宣传和报道等工作，并承担国内其他重要新闻网站工作联系，防止不良影响通过网络在国内蔓延。

4）网络监控组进入应急处置工作状态，对相关事件进行跟踪，密切关注事件动向，协助调查取证。

5）应急响应组阻断网络连接，进行现场保护，协助调查取证和系统恢复等工作。有关违法事件移交公安机关处理。

10.2.10　安全教育培训制度

制定安全教育培训制度的主要目的是为了提高单位人员的安全素质，保证中心网络的高效、稳定运行。

（1）组织全体人员认真学习《计算机信息网络国际互联网安全保护管理办法》，提高全体人员共同维护网络安全的警惕性和自觉性。

（2）定期对有关的网络管理人员进行安全教育和培训，使他们自觉遵守《计算机信息网络国际互联网安全保护管理办法》，并具备一定的网络安全知识。

（3）不定期地邀请相关的专业人员进行信息安全方面的培训，加强对有害信息，特别是影射性有害信息的识别能力，提高防范能力。

10.3 网络安全相关法律法规

网络安全管理是离不开信息安全法律法规的，这样才能在处理信息安全事件时有法可依。本小节介绍国内外一些常见的网络安全法律法规。

10.3.1 国内网络安全相关法律法规及政策文件

国内主要的网络安全相关法律法规及政策文件如下：
- 《信息网络传播权保护条例》
- 《2006—2020 年国家信息化发展战略》
- 《信息安全等级保护管理办法》
- 《互联网信息服务管理办法》
- 《中华人民共和国电信条例》
- 《中华人民共和国计算机信息系统安全保护条例》
- 《公用电信网间互联管理规定》
- 《文化部关于加强网络文化市场管理的通知》
- 《证券期货业信息安全保障管理办法》
- 《互联网络域名管理办法》
- 《科学技术保密规定》
- 《计算机信息系统国际联网保密管理规定》
- 《计算机软件保护条例》
- 《国家信息化领导小组关于我国电子政务建设指导意见》
- 《电子认证服务密码管理办法》
- 《互联网 IP 地址备案管理办法》
- 《计算机病毒防治管理办法》
- 《中华人民共和国电子签名法》
- 《中华人民共和国认证认可条例》
- 《中华人民共和国产品质量法》
- 《中华人民共和国认证认可条例》
- 《商用密码管理条例》
- 《网上证券委托暂行管理办法》
- 《信息安全产品测评认证管理办法》
- 《产品质量认证收费管理办法》
- 《中华人民共和国网络安全法》
- 《中华人民共和国密码法》

10.3.2 国外网络安全相关法律法规

1990 年美国人 John Perry Barlow 第一个使用"CyberSpace"一词来表示网络世界。因此现在国际上一般用"Cyberlaw"或者"Cyberspace Law"来表示网络法。但是由于相对于传统法规建设而言，网络立法发展时间很短，所以现在有关网络案件的审理，大多是依据传统法律与新制定的网络法规的结合进行的。下面是一些主要的国外网络安全法律法规。

（1）美国《数字时代版权法》。美国国会于 1998 年 10 月 12 日通过，28 日克林顿签署生成法律。该法是为了贯彻执行世界知识产权保护组织（WIPO）1996 年 12 月签订的条约，要求公共图书馆、学校、教育机构等各种团体和个人，不得非法复制、生产或传播包括商业软件在内的各种信息资料。

（2）欧盟《数据库指令》。1996 年 3 月制定。该指令主要为了保护数据库版权。

（3）欧盟《电信方面隐私保护指令》。1997 年 12 月制定。该指令主要为了保护电信传送过程中的个人数据。

（4）美国《儿童网络隐私保护法》。2000 年 4 月 21 日正式生效。该法保护 13 岁以下儿童的隐私，要求网站在向 13 岁以下儿童询问个人信息时，必须先要到其家长的同意。

（5）俄罗斯《联邦信息、信息化和信息保护法》。1995 年制定，该法明确界定了信息资源开放和保密的范畴，提出了保护信息的法律责任。

（6）日本《特定电信服务提供商损害责任限制及要求公开发送者身份信息法》。2002 年 5 月制定。该法规定了电信服务提供商的必要责任，使服务提供商可以采取迅速、恰当的措施，处理在互联网网站、BBS 上发布信息时发生的侵权行为。

（7）美国《儿童上网保护法案》。1998 年制定。该法案保护儿童免受互联网上可能对其生理和心理产生不良影响的内容的伤害，防止青少年通过网络接受色情信息，建议用".kids"域名来表示专门的适合儿童的网站。

（8）英国《三 R 安全规则》。1996 年制定。其中"三 R"分别代表：分级认定、举报告发、承担责任。该规则旨在从网络上消除儿童色情内容和其他有害信息，对提供网络服务的机构、终端用户和编发信息的网络新闻组，尤其是对网络提供者做了明确的职责分工。

（9）美国《禁止电子盗窃法案》。1997 年 12 月 16 日签署。该法案主要针对使用网络上未经认证的计算机进行的严重犯罪，比如蓄意破坏和欺诈。

（10）日本《反黑客法》。2000 年 2 月 13 日起开始实施。该法主要保护个人数据的安全与自由传送。该法规定擅自使用他人身份及密码侵入计算机网络的行为都将被视为违法犯罪行为，最高可判处 10 年监禁。

（11）美国《反垃圾邮件法案》。2000 年 7 月 18 日通过。该法案专门对滥发邮件行为进行了规范和惩治。要求任何未经允许的商业邮件必须注明有效的回邮地址，以便用户决定是否从邮件目录中接收该邮件。

（12）美国《禁止网络盗版商标法案》。1999 年 10 月制定。该法案主要针对网络上侵犯商标权的问题。

思考题

1. 如何理解信息安全管理"三分技术，七分管理"？
2. 建立一套完整的信息安全管理体系的步骤是什么？
3. 构建信息安全管理体系的关键因素是什么？
4. PDCA 模型具有哪些特点？
5. 简述信息安全管理中的 HTP 模型。

第11章　网络信息安全风险评估

随着网络信息化技术的广泛应用，在提高科研、生产效率和质量的同时，也极大地增加了网络信息安全风险。目前，解决网络信息安全问题普遍采用的方法之一是进行风险评估（Risk Assessment）。从风险管理的角度，系统地分析信息系统所面临的威胁及其存在的脆弱性，评估安全事件一旦发生时可能造成的危害程度，并提出有针对性的防护对策和整改措施，将风险控制在可接受的水平，从而最大限度地保障信息安全。本章主要介绍网络信息安全风险评估的相关知识。

11.1　风险评估概述

11.1.1　风险评估的概念

风险是一个给定的威胁，利用一项资产或多项资产的脆弱性，对组织造成损害的可能。可通过事件的概率及其后果进行度量。风险评估是风险标识、分析和评价的整个过程。

网络信息安全风险评估，则是指依据国家风险评估有关管理要求和技术标准，对信息系统及由其存储、处理和传输的信息的机密性、完整性和可用性等安全属性进行科学、公正的综合评价的过程。通过对信息及信息系统的重要性、面临的威胁、其自身的脆弱性以及已采取安全措施有效性的分析，判断脆弱性被威胁源利用后可能发生的安全事件及其所造成的负面影响程度来识别信息安全的安全风险。

网络信息系统的风险评估是对威胁、脆弱点以及由此带来的风险大小的评估。对系统进行风险分析和评估的目的就是：了解系统目前与未来的风险所在，评估这些风险可能带来的安全威胁与影响程度，为安全策略的确定、信息系统的建立及安全运行提供依据。同时通过第三方权威或者国际机构的评估和认证，也给用户提供了信息技术产品和系统可靠性的信心，增强产品和单位的竞争力。信息系统风险分析和评估是一个复杂的过程，一个完善的信息安全风险评估架构应该具备相应的标准体系、技术体系、组织架构、业务体系和法律法规。

网络信息安全风险评估分为自评估和检查评估两种形式。风险自评估是建立信息安全体系的基础和前提。

风险评估有时候也称为风险分析，是组织使用适当的工具，对信息和信息处理设施的威胁（Threat）、影响（Impact）和薄弱点（Vulnerability）及风险发生的可能性进行评估，也就是确认安全风险及其大小的过程。它是风险管理的重要组成部分。

风险评估是信息安全管理的基础，它为安全管理的后续工作提供方向和依据，后续工作的优先等级和关注程度都是由信息安全风险决定的，而且安全控制的效果也必须通过对剩余风险的评估来衡量。

风险评估是在一定范围内识别所存在的信息安全风险，并确定其大小的过程。风险评估保证信息安全管理活动可以有的放矢，将有限的信息安全预算应用到最需要的地方。风险评估是风险管理的前提。

11.1.2 风险评估的意义

长期以来，人们对保障信息安全的手段偏重于依靠技术，从早期的加密技术、数据备份、防病毒到近期网络环境下的防火墙、入侵检测、身份认证等。厂商在安全技术和产品的研发上不遗余力，新的技术和产品不断涌现；消费者也更加相信安全产品，把仅有的预算投入到安全产品的采购上。

但实际情况是，单纯依靠技术和产品来保障企业信息安全往往还不够。复杂多变的安全威胁和隐患靠产品难以消除。"三分技术，七分管理"，这个在其他领域总结出来的实践经验和原则，在信息安全领域也同样适用。

对于一个企业来说，搞清楚网络信息系统现有以及潜在的风险，充分评估这些风险可能带来的威胁和影响，是企业实施安全建设必须首先解决的问题，也是制订安全策略的基础与依据。

风险评估的意义在于对风险的认识，而风险的处理过程，可以在考虑了管理成本后，选择适合企业自身的控制方法，对同类的风险因素采用相同的基线控制，这样有助于在保证效果的前提下降低风险评估的成本。

11.2 国内外风险评估标准

11.2.1 国外风险评估相关标准

从美国国防部 1985 年发布著名的《可信计算机系统评估准则》（TCSEC）起，世界各国根据自己的研究进展和实际情况，相继发布了一系列有关安全评估的准则和标准，如英、法、德、荷等国在 20 世纪 90 年代初发布的《信息技术安全评估准则》（ITSEC）；加拿大在 1993 年发布《可信计算机产品评价准则》（CTCPEC）；美国在 1993 年制定信息技术安全的《联邦标准》（FC）；由加拿大、法国、德国、荷兰、英国、美国的国家安全局（NSA）和国家标准及技术协会（NIST）于 20 世纪 90 年代中期提出的《信息技术安全评估通用准则》（CCITSE）；由英国标准协会（BSI）制定的《信息安全管理标准》BS-7779（ISO 17799），以及得到 ISO 认可的系统安全工程能力成熟度模型（SSE-CMM）（ISO/IEC 21827:2008）等。

与风险评估相关的标准还有美国国家标准及技术协会（NIST）的 NIST SP800，其中 NIST SP 800-53~NIST SP 800-60 描述了信息系统与安全目标及风险级别对应指南，NIST SP 800-26~NIST SP 800-30 分别描述了自评估指南和风险管理指南。修订版的 NIST SP 800-53 还加入了物联网与工控系统的安全评估。下面简单介绍《信息技术安全评估通用准则》（CCITSE）和美国的《可信计算机系统评估准则》（TCSEC）。

1. CC

《信息技术安全评估通用准则》（Common Criteria of Information Technical Security Evaluation，CCITSE），简称 CC（ISO/IEC 15408-1），是美国、加拿大及欧洲 4 国经协商同意，于 1993 年 6 月起草的，是国际标准化组织统一现有多种准则的结果，是目前最全面的评估准则。

CC 源于 TCSEC，但已经完全改进了 TCSEC。CC 的主要思想和框架都取自 ITSEC（欧）和 FC（美），它由三部分内容组成：①介绍，以及一般模型；②安全功能需求（技术上的要求）；③安全认证需求（非技术要求和对开发过程、工程过程的要求）。

CC 与早期的评估准则相比，主要具有四大特征：①CC 符合 PDR 模型；②CC 是面向整个信息产品生存期的评估准则；③CC 不仅考虑了保密性，而且还考虑了完整性和可用性等多方面的安全特性；④CC 有与之配套的安全评估方法 CEM（Common Evaluation Methodology）。

2. TCSEC

《可信计算机系统评估准则》（Trusted Computer System Evaluation Criteria，TCSEC）是计算机信息安全评估的第一个正式标准，具有划时代的意义。该准则于 1970 年由美国国防科学委员会提出，并于 1985 年 12 月由美国国防部公布。TCSEC 将安全分为 4 个方面：安全政策、可说明性、安全保障和文档。4 个方面又分为 7 个安全级别，按安全程度从最低到最高依次是 D1、C1、C2、B1、B2、B3、A1。

（1）D1 级：最低保护。

无须任何安全措施。这是计算机安全的最低一级。整个计算机系统是不可信任的，硬件和操作系统很容易被侵袭。D1 级计算机系统标准规定对用户没有验证，也就是任何人都可以使用该计算机系统而不会有任何障碍。系统不要求用户进行登录（要求用户提供用户名）或口令保护（要求用户提供唯一字符串来进行访问）。任何人都可以坐在计算机前并开始使用它。

D1 级的计算机系统有：

- MS-DOS。
- MS-Windows 3. x 及 Windows 95（不在工作组方式中）。
- Apple 的 System 7. x。

（2）C1 级：自主的安全保护。

系统能够把用户和数据隔开，用户可以根据需要采用系统提供的访问控制措施来保护自己的数据，系统中必有一个防止破坏的区域，其中包含安全功能。用户拥有注册账户和口令，系统通过账户和口令来识别用户是否合法，并决定用户对程序和信息拥有什么样的访问权。

C1 级系统要求硬件有一定的安全机制（如硬件带锁装置和需要钥匙才能使用计算机等），用户在使用前必须登录到系统。C1 级系统还要求具有完全访问控制的能力，即应当允许系统管理员为一些程序或数据设立访问许可权限。C1 级防护的不足之处在于用户可以直接访问操作系统的根。C1 级不能控制进入系统的用户的访问级别，所以用户可以将系统的数据随意移走。

常见的 C1 级兼容计算机系统有：

- UNIX 系统。
- Xenix。
- Netware 3. x 或更高版本。
- Windows NT。

（3）C2 级：访问控制保护。

控制粒度更细，使得允许或拒绝任何用户访问单个文件成为可能。系统必须对所有的注册，文件的打开、建立和删除进行记录。审计跟踪必须追踪到每个用户对每个目标的访问。

C2 级针对 C1 级的某些不足之处加强了几个特性。C2 级引进了受控访问环境（用户权限级别）的增强特性。这一特性不仅以用户权限为基础，还进一步限制了用户执行某些系统指令。授权分级使系统管理员能够给用户分组，授予他们访问某些程序或分级目录的权限。另一方面，用户权限以个人为单位授权用户对某一程序所在目录的访问。如果其他程序和数据也在同一目录下，那么用户也将自动得到访问这些信息的权限。C2 级系统还采用了系统审计。审计特性可以跟踪所有的"安全事件"，如登录（成功和失败的），以及系统管理员的工作，如改变用户访问和口令。

（4）B1 级：有标签的安全保护。

系统中的每个对象都有一个敏感性标签而每个用户都有一个许可级别。许可级别定义了用户可处理的敏感性标签。系统中的每个文件都按内容分类并标有敏感性标签，任何对用户许可级别和成员分类的更改都会受到严格控制。

B1 级系统支持多级安全。多级是指这一安全保护安装在不同级别的系统中（网络、应用程序、工作站等），它对敏感信息提供更高级的保护。例如，安全级别可以分为解密、保密和绝密级别。

较流行的 B1 级操作系统是 OSF/1。

（5）B2 级：结构化保护。

系统的设计和实现要经过彻底的测试和审查。系统应结构化为明确而独立的模块，实施最少的特权原则。必须对所有目标和实体实施访问控制。政策要由专职人员负责实施，要进行隐蔽信道分析。系统必须维护一个保护域，保护系统的完整性，防止外部干扰。

这一级别称为结构化的保护（Structured Protection）。B2 级安全要求计算机系统中所有对象加标签，而且给设备（如工作站、终端和磁盘驱动器）分配安全级别。如用户可以访问一台工作站，但可能不允许访问装有人员工资资料的磁盘子系统。

（6）B3 级：安全域。

系统的安全功能足够少，有利于广泛测试。必须满足参考监视器需求以传递所有的主体到客体的访问。要有安全管理员，审计机制扩展到用信号通知安全相关事件，还要有恢复规程、系统高度抗侵扰、XTS-300 防火墙、多级安全平台。

B3 级要求用户工作站或终端通过可信任途径连接网络系统，这一级必须采用硬件来保护安全系统的存储区。

（7）A1 级：审核保护。

最初设计系统就充分考虑安全性。有"正式安全策略模型"，其中包括由公理组成的数学证明。系统的顶级技术规格必须与模型相对应，系统还包括分发控制和隐蔽信道分析。

A1 级是 TCSEC 中的最高安全级别，这一级有时也称为验证设计（Verified Design）。与前面提到的各级别一样，这一级包括了它下面各级的所有特性。A1 级还附加了一个安全系统受监视的设计要求，合格的安全个体必须分析并通过这一设计。另外，必须采用严格的形式化方法来证明该系统的安全性。而且在 A1 级，必须保证所有构成系统的部件的来源是安全的，这些安全措施还必须保证在销售过程中这些部件不受损害。例如，在 A1 级设置中，一个磁盘驱动器从生产厂房直至机房都要被严密跟踪。

11.2.2 国内信息安全风险评估标准

我国早期的标准体系基本上是采取等同、等效的方式借鉴国外的标准，如 GB/T 18336 等同于 ISO/IEC 15408。我国根据具体情况，也加快了信息安全标准化的步伐和力度，相继颁布了《计算机信息系统 安全保护等级划分准则》（GB 17859—1999）和《信息安全技术 信息安全风险评估规范》（GB/T 20984—2007）。

1. 《计算机信息系统 安全保护等级划分准则》（GB 17859—1999）

《计算机信息系统 安全保护等级划分准则》（GB 17859—1999）于 1999 年 9 月正式批准发布，该准则将计算机信息系统安全分为 5 级，由低至高分别为用户自主保护级、系统审核保护级、安全标记保护级、结构化保护级和访问验证保护级。

第 1 级：用户自主保护级。它的安全保护机制使用户具备自主安全保护的能力，保护用户的信息免受非法的读写破坏。

第 2 级：系统审计保护级。除具备第 1 级所有的安全保护功能外，还要求创建和维护访问的审计跟踪记录，使所有用户对自己行为的合法性负责。

第 3 级：安全标记保护级。除继承前一个级别的安全功能外，还要求以访问对象标记的安全级别限制访问者的访问权限，实现对访问对象的强制访问。

第 4 级：结构化保护级。在继承以上安全级别安全功能的基础上，将安全保护机制划分为关键部分和非关键部分，对关键部分直接控制访问者对访问对象的存取，从而加强系统的抗渗透能力。

第 5 级：访问验证保护级。这个级别特别增设了访问验证功能，负责仲裁访问者对访问对象的所有访问活动。

目前，我国重要的信息系统，都要求先定级再进行建设。信息系统运行期间要严格执行等级保护相关措施。

2. 《信息安全风险评估规范》（GB/T 20984—2007）

《信息安全技术 信息安全风险评估规范》（GB/T 20984—2007）于 2007 年 7 月发布。该标准提出了风险评估的基本概念、要素关系、分析原理、实施流程和评估方法，以及风险评估在信息系统生命周期不同阶段的实施要点和工作形式。

该标准颁布已经较长时间了，有些技术和方法已经不适应新时代的要求。全国信息安全标准化技术委员会从 2018 年 4 月开始，对《信息安全技术 信息安全风险评估规范》（GB/T 20984—2007）进行修订，目前修订工作仍然在进行当中。

11.3 风险评估的实施

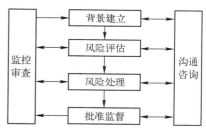

图 11.1 信息安全风险管理的
内容和过程

11.3.1 风险管理过程

信息安全风险管理的内容和过程如图 11.1 所示。

背景建立、风险评估、风险处理与批准监督是信息安全风险管理的 4 个基本步骤。

（1）背景建立：这一阶段主要是确定风险管理的对象和范围，进行相关信息的调查分析，准备风险管理的实施。

（2）风险评估：这一阶段主要是根据风险管理的范围来识别资产，分析信息系统所面临的威胁以及资产的脆弱性，结合所采用的安全控制措施，在技术和管理两个层面对信息系统所面临的风险进行综合判断，并对风险评估结果进行等级化处理。

（3）风险处理：这一阶段主要是综合考虑风险控制的成本和风险造成的影响，从技术、组织和管理层面分析信息系统的安全需求，提出实际可行的安全措施。明确信息系统可接受的残余风险，采取接受、降低、规避或转移等控制措施。

（4）批准监督：这一阶段主要包括批准和持续监督两部分。依据风险评估的结果和处理措施能否满足信息系统的安全要求，决策层决定是否认可风险管理活动。监控人员对机构、信息系统、信息安全相关环境的变化进行持续监督，在可能引入新的安全风险并影响到安全保障级别时，启动新一轮风险评估和风险处理。

监控审查与沟通咨询贯穿于上述 4 个基本步骤之中，跟踪系统和信息安全需求的变化，对风险管理活动的过程和成本进行有效控制。

11.3.2 风险评估过程

Gartner（一家知名的国际咨询机构）的风险评估报告指出，未来企业信息化发展的关键在于关键资产数字化，高速无线网络、网络空间获取、生物访问控制、复杂应用系统，分布系统网络互联，全球化生产等方面。为此，Gartner 建议企业的网络信息安全风险评估把重点放在如何评估复杂的分布式系统和如何保障复杂应用系统的安全这两个方面。

从国内的实际情况看，复杂应用系统已经初步呈现，许多企业的核心业务系统安全性较弱，且网络建设与安全建设不协调，已经给企业用户带来了极大的挑战。

信息安全风险评估的基本过程主要分为：风险评估准备、资产识别、威胁识别、脆弱性识别和风险分析。信息安全风险评估主要涉及资产、威胁和脆弱性这三个因素。信息安全风险评估流程如图 11.2 所示。

为保障评估的规范性、一致性，降低人工成本，目前国内外普遍应用一系列的评估工具。其中，网络评估工具主要有 Nessus、Retina、天镜、ISS、XScan 等漏洞扫描工具，依托这些网络扫描工具，可以对网络设备、主机进行漏洞扫描，给出技术层面存在的安全漏洞、等级和解决方案建议。

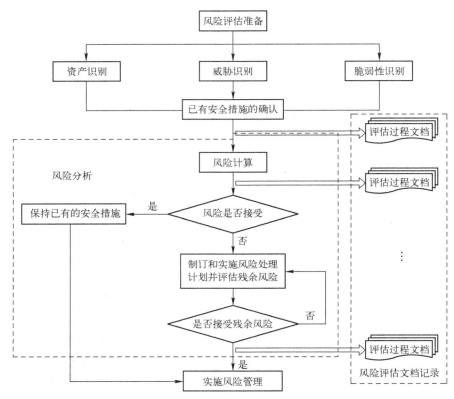

图 11.2　信息安全风险评估流程

网络信息安全管理评估工具主要有以 BS 7799-1 （ISO/IEC 17799） 为基础的 COBRA、天清等，借助管理评估工具，结合问卷式调查访谈，可以给出不同安全管理域在安全管理方面存在的脆弱性和各领域的安全等级，给出基于标准的策略建议。

11.3.3　风险分析原理

信息安全风险评估的要素如图 11.3 所示。

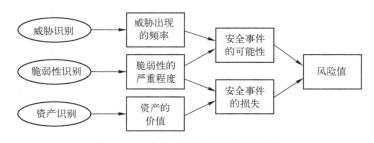

图 11.3　信息安全风险评估的要素

风险值的定义如下：

$$风险值 = R(A, T, V)$$

其中，R 表示安全风险计算函数；A 表示资产；T 表示威胁；V 表示脆弱性。资产、威胁和脆弱性是风险的 3 个因素，是风险分析的基础。根据风险分析原理，首先应进行资产、威胁和脆弱性识别，分析得出资产价值、威胁出现的频率和脆弱性的严重程度，然后分析计算安全事件的可能性和损失程度，得出风险值。各个风险要素之间的关系如图 11.4 所示。

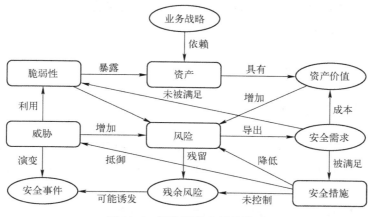

图 11.4　风险要素之间的关系

11.3.4　风险因素识别

资产在其表现形式上可以划分为软件、硬件、数据、服务、人员等相关类型。根据风险评估的范围识别出关键资产与一般资产，形成需要保护的资产清单。根据资产在保密性、完整性和可用性 3 个方面的安全属性，结合评估单位业务战略对资产的依赖程度等因素，对资产价值进行评估。

威胁具有多种类型，如软硬件故障、物理环境影响、管理问题、恶意代码、网络攻击、物理攻击、泄密、篡改等。有多种因素会影响威胁发生的可能性，如攻击者的技术能力、威胁行为动机、资产吸引力、受惩罚风险等。在威胁识别阶段，评估者依据经验和相关统计数据对威胁进行识别，并判断其出现的频率。

脆弱性的识别可以以资产为核心，针对资产识别可能被威胁利用的弱点进行识别，也可以从物理、网络、系统、应用、制度等层次进行识别，然后将其与资产、威胁对应起来。在此过程中应对已采取的安全措施进行评估，确认其是否有效抵御了威胁、降低了系统的脆弱性，以此作为风险处理计划的依据和参考。

11.3.5　风险评估方法

风险评估方法概括起来可分为定量、定性，以及定性与定量相结合的评估方法。

定量评估法基于数量指标对风险进行评估，依据专业的数学算法进行计算、分析，得出定量的结论数据。典型的定量分析法有因子分析法、时序模型、等风险图法、决策树法等。有些情况下，定量评估法的分析数据会存在不可靠和不准确的问题：一些类型的风险因素不存在频率数据，很难计算概率。在这种情况下，单凭定量评估法不能准确反映系统的安全需求。

定性评估法主要依据评估者的知识、经验、政策走向等非量化资料对系统风险做出判断，重点关注安全事件所带来的损失，而忽略其发生的概率。定性评估法在评估时使用"高""中""低"等程度值，而非具体的数值。典型的定性分析法有因素分析法、逻辑分析法、历史比较法、德尔菲法等。定性分析法可以挖掘出一些蕴藏很深的思想，使评估结论更全面、深刻，但其主观性很强，对评估者本身的要求较高。

定量与定性的风险评估法各有优缺点，在具体评估时可将二者有机结合、取长补短，采用综合的评估方法以提高适用性。

思考题

1. 什么是信息安全风险评估？
2. 信息系统为什么要进行风险评估？
3. 在 1985 年 12 月由美国国防部公布的《可信计算机系统评估准则》（TCSEC）中，将计算机安全评估结果分为 7 个安全级别，请说明从最低到最高依次是哪 7 个安全级别？
4. 我国国家标准《计算机信息系统　安全保护等级划分准则》（GB 17859—1999）当中将计算机信息系统的安全保护等级划分为哪几个安全级别？
5. 如何计算信息系统安全风险评估当中的风险值？
6. 如何进行信息系统风险识别？
7. 简述信息系统安全风险评估都有哪些方法。

第 12 章　网络信息系统应急响应

随着网络信息系统在政治、军事、金融、商业、文教等方面发挥越来越大的作用，社会对网络信息系统的依赖也日益增强。而不断出现的软硬件故障、病毒发作、网络入侵、网络蠕虫、黑客攻击、天灾人祸等安全事件也随之变得非常突出。由于安全事件的突发性、复杂性与专业性，为了有备无患，需要建立信息系统安全事件的快速响应机制，信息系统安全应急响应应运而生。为此，我国还专门建立了国家计算机网络应急技术处理协调中心（China Computer Emergency Response Team/Coordination Center，CNCERT/CC）。

12.1　应急响应概述

12.1.1　应急响应产生的背景

近年来，Internet 上直接或者是间接危害到 IP 网络资源安全的攻击事件越来越多。一方面，由于网络业务节点自身的安全性下降，路由器、交换机等专用网络节点设备上越来越多的安全漏洞被发掘出来，设备厂家为了修补安全漏洞而发布的补丁程序越来越多；另一方面，黑客攻击技术有了很大的发展，从最初主要是基于单机安全漏洞以渗透入侵为主，到近年来发展到基于 Internet 的主机集群进行以拒绝服务为目的的分布式拒绝服务攻击，同时，以网络蠕虫病毒为代表的，融合传统黑客技术与病毒技术的"新一代主动式恶意代码"攻击技术的出现，标志着黑客技术发生了质的变化。无论是分布式拒绝服务攻击还是网络蠕虫病毒，都会在攻击过程中形成突发的攻击流量，严重时会阻塞网络，造成网络瘫痪。总体来看，由于系统漏洞和攻击技术的变化，不安全的网络环境已经越来越多地暴露在网络黑客不断增强的攻击火力之下。

从根本上讲，在现实环境中是不存在绝对的安全的，任何一个系统总是存在被攻陷的可能性，很多时候恰恰是在被攻陷后，人们才会发现并改善系统中存在的薄弱环节，从而把系统的安全保护提高到一个更高的水平。事实上，整个 Internet 的安全水平始终就是在"魔高一尺，道高一丈"的实战过程中螺旋式上升的。正是认识到这一客观事实，在所有的网络安全模型中都包含了事件响应这样一个重要的环节。

安全应急响应的重要性不仅体现在它是整个安全防御体系中一个不可缺少的环节。事实上，一个有效的应急机制对于事件发生后稳定局势往往起到至关重要的作用。事故发生后的现场环境通常是非常混乱的，除非做了非常充分的准备工作，否则人们往往会因为不清楚问题所在和应当做什么而陷入茫然失措的状态，甚至当事人还可能在混乱中执行不正确的操作，导致更大的灾害和混乱的发生。因此，在缺少安全应急响应机制的环境中，发生事件后整个局面都存在着随时陷入失控状态的危险。

网络安全应急响应主要是提供一种机制，保证资产在遭受攻击时能够及时地取得专业人员、安全技术等资源的支持，并且保证在紧急的情况下能够按照既定的程序高效有序地开展工作，使网络业务免遭进一步的侵害，或者是在网络资产已经被破坏后还能够在尽可能短的时间内迅速恢复业务系统，减小业务的损失。

12.1.2 国际应急响应组织

在安全应急响应发展方面，信息化发达国家有着较为悠久的历史。美国早在 1988 年就成立了全球最早的计算机应急响应组织（Computer Emergency Response Team，CERT），到 2003 年 8 月为止，全球正式注册的 CERT 已达 188 个。这些应急组织不仅为各自地区和所属行业提供计算机和互联网安全事件的紧急响应处理服务，还经常互相沟通和交流，形成了一个专业领域。

1988 年 11 月，美国康乃尔大学的学生莫里斯编写了一个蠕虫程序。该程序可以利用 Internet 上计算机的 sendmail 的漏洞、finger 的缓冲区溢出及 REXE 的漏洞进入系统并自我繁殖，鲸吞 Internet 网的带宽资源，造成全球 10% 的联网计算机陷入瘫痪。这起计算机安全事件极大地震动了美国政府、军方和学术界，被称作"莫里斯事件"。

事件发生之后，美国国防部的高级研究计划局出资在卡内基·梅隆大学（CMU）的软件工程研究所（SEI）建立了计算机应急处理协调中心。该中心现在仍然由美国国防部资助，并且作为国际上的骨干组织积极开展相关方面的培训工作。自此，美国各有关部门纷纷开始成立自己的计算机安全事件处理组织，世界上其他国家和地区也逐步成立了应急组织。

1990 年 11 月，由美国等国家应急响应组织发起，一些国家的 CERT 组织参与成立了计算机事件响应与安全工作组论坛（Forum of Incident Response and Security Team，FIRST）。

FIRST 的基本目的是使各成员能在安全漏洞、安全技术、安全管理等方面进行交流与合作，以实现全球的信息共享、技术共享，最终达到联合防范计算机网络攻击行为的目标。

FIRST 组织有两类成员，一类是正式成员，另一类是观察员。我国的国家计算机网络应急技术处理协调中心（CNCERT/CC）于 2002 年 8 月成为 FIRST 的正式成员。FIRST 组织有一个由 10 人构成的指导委员会，负责对重大问题进行讨论，包括接受新成员。新成员的加入必须有推荐人，并且需要得到指导委员会 2/3 的成员同意。FIRST 的技术活动除了各成员之间通过保密通信进行信息交流外，每季度还会召开一次内部技术交流会，每年召开一次开放式会议，通常是在美国和其他国家交替进行。

12.1.3 我国应急响应组织

与美国第一个应急响应组织诞生的原因类似，我国应急体系的建立也是由于网络蠕虫事件的发生而导致的，这次蠕虫事件就是发生在 2001 年 8 月的红色代码蠕虫事件。由于红色代码集蠕虫、病毒和木马等攻击手段于一身，利用 Windows 操作系统的一个公开漏洞作为突破口，几乎是畅通无阻地在互联网上疯狂地扩散和传播，迅速传播到我国，并很快渗透到金融、交通、公安、教育等专用网络中，造成互联网运行速度急剧下降，局部网络甚至一度瘫痪。

当时我国仅有几个力量薄弱的应急响应组织，根本不具备处理如此大规模事件的能力，而各互联网运维部门也没有专门的网络安全技术人员，更没有协同处理的机制，各方几乎都束手无策。紧要关头，原信息产业部（2008 年 3 月并入工业和信息化部）组织了各个互联网单位和网络安全企业参加的应急响应会，汇总了全国当时受影响的情况，约定了协调处理的临时机制，确定了联系方式，并最终组成了一个网络安全应急处理联盟。

2001 年 10 月，原信息产业部提出建立国家计算机紧急响应体系，并且要求各互联网运营单位成立紧急响应组织，能够加强合作、统一协调、互相配合。自此，我国的应急体系应运而生。目前，我国应急处理体系已经经历了从点状到树状的发展过程，并正在朝网状发展完善，最终要建设成一个覆盖全国、全网的应急体系。

CNCERT/CC 成立于 2001 年 8 月，主页为 http://www.cert.org.cn/，如图 12.1 所示。它的主要职责是协调我国各计算机网络安全事件应急小组，共同处理国家公共电信基础网络上的安全紧急事件，为国家公共电信基础网络、国家主要网络信息应用系统以及关键部门提供计算机网络安全的监测、预警、应急、防范等安全服务和技术支持，及时收集、核实、汇总、发布有关互联网安全的权威信息，组织国内计算机网络安全应急组织进行国际合作和交流。其从事的工作内容如下。

（1）信息获取：通过各种信息渠道与合作体系，及时获取各种安全事件与安全技术的相关信息。

（2）事件监测：及时发现各类重大安全隐患与安全事件，向有关部门发出预警信息，提供技术支持。

图 12.1　CNCERT/CC 的主页

（3）事件处理：协调国内各应急小组处理公共互联网上的各类重大安全事件，同时，作为国际上与中国进行安全事件协调处理的主要接口，协调处理来自国内外的安全事件投诉。

（4）数据分析：对各类安全事件的有关数据进行综合分析，形成权威的数据分析报告。

（5）资源建设：收集和整理安全漏洞、补丁、攻击防御工具、最新的网络安全技术等各种基础信息资源，为各方面的相关工作提供支持。

（6）安全研究：跟踪研究各种安全问题和技术，为安全防护和应急处理提供技术和理论基础。

（7）安全培训：进行网络安全应急处理技术及应急组织建设等方面的培训。

（8）技术咨询：提供安全事件处理的各类技术咨询。

（9）国际交流：组织国内计算机网络安全应急组织进行国际合作与交流。

CNCERT/CC 应急处理案例如下。

（1）网络蠕虫事件：如 SQL Slammer 蠕虫、口令蠕虫、冲击波蠕虫等。

（2）DDoS 攻击事件：如部分政府网站和大型商业网站遭到了攻击。

（3）网页篡改事件：如 2003 年全国共有 435 台主机上的网页遭到篡改，其中包括 143 个主机上的 337 个政府网站。

（4）网络欺诈事件：如处理了澳大利亚等国的 CERT 组织报告的几起冒充金融网站的事件。

12.2 应急响应的阶段

通常把应急响应分成几个阶段的工作，即准备、检测、抑制、根除、恢复、报告和总结等阶段。

1. 准备阶段

在事件真正发生之前应该为事件响应做好准备，这一阶段十分重要。准备阶段的主要工作包括建立合理的防御/控制措施，建立适当的策略和程序，获得必要的资源和组建应急响应队伍等。

2. 检测阶段

检测阶段要做出初步的动作和响应，根据获得的初步材料和分析结果，估计事件的范围，制订进一步的响应策略，并且保留可能用于司法程序的证据。

3. 抑制阶段

抑制的目的是限制攻击的范围。抑制措施十分重要，因为太多的安全事件可能导致迅速失控。典型的例子就是具有蠕虫特征的恶意代码的感染。可能的抑制策略一般包括关闭所有的系统、从网络上断开相关系统、修改防火墙和路由器的过滤规则、封锁或删除被攻破的登录账号、提高系统或网络行为的监控级别、设置陷阱、关闭服务以及反击攻击者的系统等。

4. 根除阶段

在事件被抑制之后，通过对有关恶意代码或行为的分析结果，找出事件根源并彻底清除。对于单机上的事件，可以根据各种操作系统平台的具体检查和根除程序进行操作；但对于大规模爆发的带有蠕虫性质的恶意程序，要根除各个主机上的恶意代码，是一项十分艰巨的任务。很多案例表明，众多用户并没有真正关注他们的主机是否已经遭受入侵，有的甚至持续一年多，任由其感染蠕虫的主机在网络中不断地搜索和攻击别的目标。造成这种现象的重要原因是各网络之间缺乏有效的协调，或者是在一些商业网络中，网络管理员对接入到网络中的子网和用户没有足够的管理权限。

5. 恢复阶段

恢复阶段的目标是把所有被攻破的系统和网络设备彻底还原到它们正常的任务状态。恢复工作应该十分小心，避免出现误操作导致数据的丢失。另外，恢复工作中如果涉及机密数据，还需要额外遵照机密系统的恢复要求。对承担不同恢复工作的单位，要有不同的担保。如果攻击者获得了超级用户的访问权，一次完整的恢复就应该强制性地修改所有的口令。

6. 报告和总结阶段

这是最后一个阶段，却是绝对不能忽略的重要阶段。这个阶段的目标是回顾并整理发生事件的各种相关信息，尽可能地把所有情况都记录到文档中。这些记录的内容，不仅对有关部门的其他处理工作具有重要意义，而且对将来应急工作的开展也是非常重要的积累。

12.3 应急响应的方法

12.3.1 Windows 系统应急响应方法

在 Windows 操作系统下，如果某一天，当使用计算机的时候，发现计算机出现诸如硬盘灯不断闪烁、光标乱动、使用起来非常慢、内存和 CPU 使用率非常高等情况，这时有可能是计算机出了安全问题。那么出于安全的考虑，应该做些什么呢？特别是如何找出问题出在哪里？具体的解决方法如下。

1. 拔掉网线，关掉无线网络

无论出现任何安全问题，或者怀疑有安全问题，都请记住，所要做的第一件事就是将自己的计算机进行物理隔离。这样可以防止事态进一步恶化。

具体来说，如果正在上网，应将网线拔掉；如果使用的是无线网络，则应禁用无线上网功能。

2. 查看、对比进程，找到出问题的进程

通常怀疑计算机存在安全问题的时候，需要采用同时按〈Ctrl+Alt+Delete〉三个键的方法来查看系统的进程，如图 12.2 所示。但是计算机里有许多进程，怎样找出是哪一个进程出了问题呢？可以采用进程对比的方式进行查找。

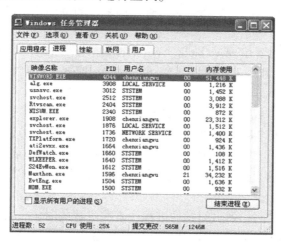

图 12.2　系统进程

（1）在刚装完计算机的时候，将计算机里所有的进程记录下来。

手工将计算机每个进程记录下来比较麻烦，费事费时。推荐采用截屏的方式进行记录。方法是同时按〈Ctrl+Alt+Delete〉三个键，等进程出来后，再按下〈PrntScrn〉键。它的功能是将计算机的屏幕当作图片复制下来。然后，再打开画图程序，按下〈Ctrl+V〉键将图片复制到画图程序里面，再保存就行了。有时候一屏保存不完，可以进行多屏保存。

（2）将怀疑有问题的进程调出来，与之前保存的进程进行对比，找到出问题的进程。

对比的时候，最好将进程进行字母排序，这样对比起来更快一些。排序的方法是在进程框中用鼠标单击"映像名称"。如图 12.3 所示，通过对比发现多了一个进程，原来进程数是 52 个，现在是 53 个。再通过进一步的对比发现多了一个 ccPxySvc.exe 进程。

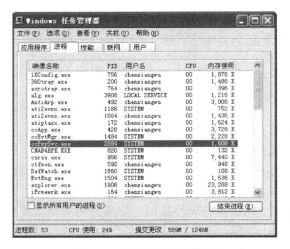

图 12.3　找到出问题的进程

（3）通过搜索引擎等找出问题根源。

通过查看、对比的方法找到可能出了问题的进程。这时，就可以在搜索引擎上搜索一下，看看这个进程是做什么的，是不是病毒等。如果是病毒的话，网上会有很多关于这种病毒的防治方法。

再以刚才的例子为例，在 www.baidu.com 上搜索一下 ccPxySvc.exe，会发现它是反病毒软件（Norton Antivirus）和个人防火墙（Norton Personal Firewall）的服务程序进程，所以是一个正常的应用程序进程。

3. 查看、对比端口，找出产生问题的端口

通常怀疑计算机有安全问题的时候，也可以通过查看端口的方法来判断，特别是在怀疑计算机中了木马的时候。因为木马通常都有自己的端口，比如著名的"冰河"木马，它所使用的端口号是 7626。这里如果发现自己计算机的 7626 端口是开放的，那么计算机很可能是中了"冰河"木马了。

如此一来，关键是如何找到出问题的进程。查看进程的时候，可以使用 DOS 命令"netstat"来完成。方法是在任务拦的搜索框中输入"cmd"，进入 DOS 提示符状态。然后输入 DOS 命令"netstat"或"netstat -ano"来查看系统的端口。如图 12.4 所示为通过 netstat 命令查看端口。

找到出问题的端口的方法和上面所讲的找到出问题进程的方法是一样的，也可以采用截屏图对比的方式，这里就不再赘述。

找到出问题的端口后，也可以在搜索引擎上查找问题端口的信息，这里就不再赘述。另外，将图 12.4 中的 PID 号与图 12.3 中的 PID 号对照，可以找出特定端口对应的进程。

4. 查看开放端口所对应的程序

通过"netstat"命令可以看到系统里有哪些端口是开放的。但是通常更需要知道的是开放端口所对应的应用程序是哪些。这里介绍一种名为"FPort.exe"的工具。如图 12.5 所示，只要下载这个文件，在 DOS 环境下运行一下，就可以很清楚地看到，TCP 的 1034 端口是被诺顿的个人防火墙所占用，TCP 的 3349 端口被 MSN Messager 聊天程序所占用。

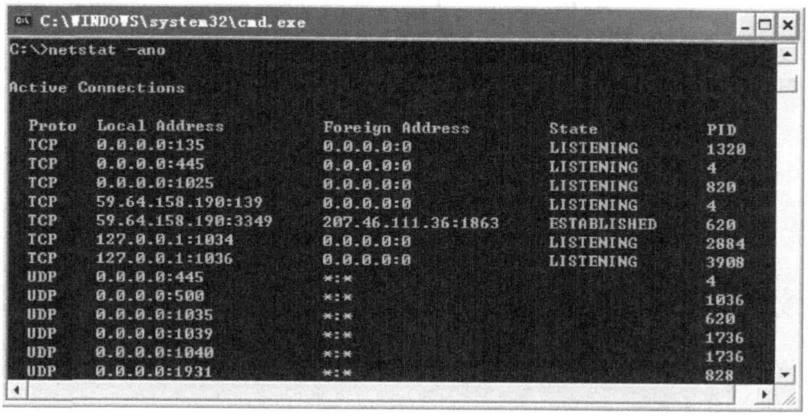

图 12.4　通过"netstat"命令查看系统端口

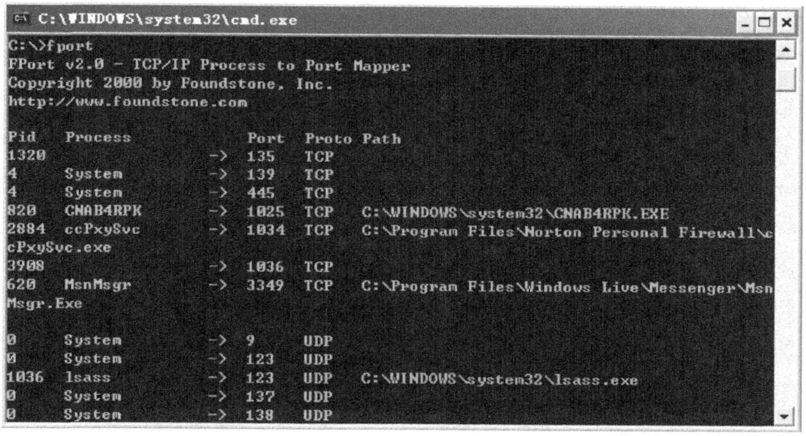

图 12.5　"FPort.exe"的使用

5. 查看、对比注册表

通常怀疑计算机有安全问题的时候，还可以通过查看并对比注册表的方式，来找出问题的根源。注册表的"HKEY_LOCOL_MACHINE \ SOFTWARE \ Microsoft \ Windows \ Current Version \ Run"里面存放的是计算机启动之后系统自动要加载的项，如图 12.6 所示。这里通常也是黑客感兴趣的地方，许多病毒、木马程序经常会将自己的可执行文件放在这里，以便开机之后能自动运行。

找到注册表中出问题的项的方法和上面所讲的找到出问题的进程的方法是一样的，也是采用截屏图对比的方式，这里就不再赘述。

找到出问题的注册表项后，也可以在搜索引擎上查找相关信息，这里就不再赘述。

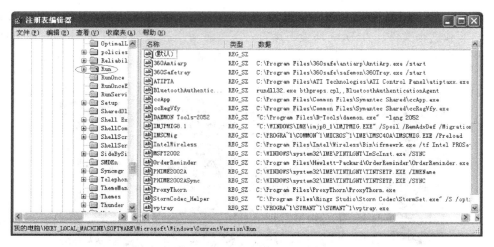

图 12.6　注册表的 Run 键值

6. 查看其他安全工具的日志

通过查看其他安全工具日志，也可以找出问题的根源，其他工具包括防火墙、入侵检测、网络蜜罐等。

12.3.2　个人防火墙的使用

如果通过某种方式知道有一个 IP 在对计算机发起攻击，想要封掉这个 IP，或希望关闭一个不必要的危险端口，可以通过个人防火墙来实现。下面以诺顿个人防火墙为例，来讲解如何封掉一个 IP 和一个端口。

1. 封掉一个 IP

如图 12.7 所示，打开诺顿个人防火墙。

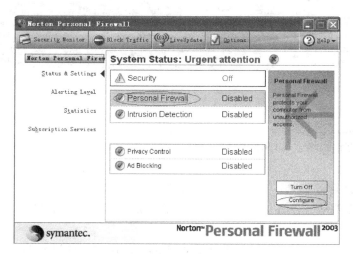

图 12.7　诺顿防火墙主界面

选择 "Personal Firewall"，再单击 "Configure" 按钮，这时出现如图 12.8 所示的界面。

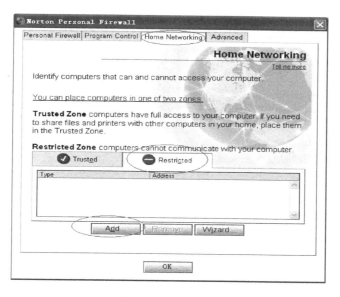

图 12.8　网络配置

选择“Restricted”标签，再单击“Add”按钮，出现如图 12.9 所示的界面。

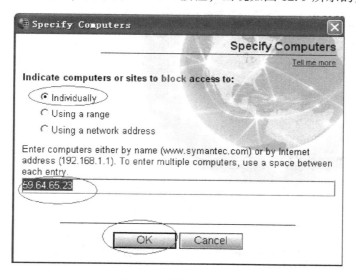

图 12.9　封掉一个 IP

输入要封掉的 IP 地址，单击“OK”按钮，出现如图 12.10 所示的界面。
这时 IP 地址 59.64.65.23 就被封掉了。

2. 关闭一个端口

选择防火墙配置界面里的“Advanced”标签，出现如图 12.11 所示的界面。
单击“General Rules…”按钮，出现如图 12.12 所示的界面。
单击“OK”按钮，出现如图 12.13 所示的界面。

图 12.10　完成封掉一个 IP

图 12.11　防火墙高级配置界面

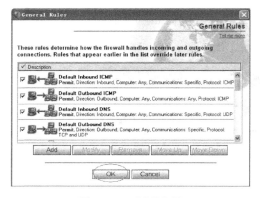

图 12.12　规则配置

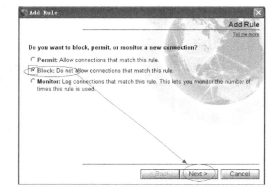

图 12.13　选择规则

选择"Block"选项，单击"Next"按钮，出现如图 12.14 所示的界面。

选择"Connections to and from other computers"，进行双向禁止。再单击"Next"按钮，出现如图 12.15 所示的界面。

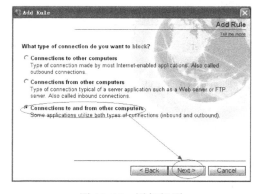

图 12.14　添加规则

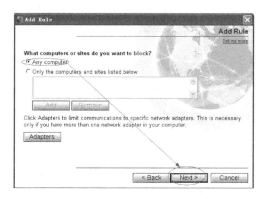

图 12.15　选择要禁止的范围

选择"Any computer"，再单击"Next"按钮，出现如图12.16所示的界面。

选择"TCP and UDP"和"Only the types of communication or ports listed below"选项，再单击"Add"按钮，出现如图12.17所示的界面。

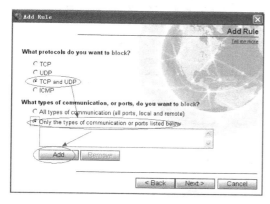

图 12.16 选择端口类型

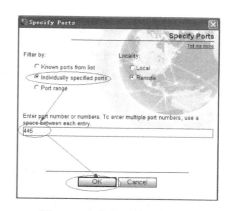

图 12.17 指定要禁止的端口

选择"Individually specified ports"，再输入要禁止的端口，如"445"，单击"OK"按钮，这样就完成了对一个端口的禁止工作。

12.3.3 蜜罐技术

入侵检测系统（IDS）能够对网络和系统的活动情况进行监视，及时发现并报告异常现象。但是，入侵检测系统在使用中仍存在着难以检测新型黑客攻击方法，并有可能漏报和误报的问题。

蜜罐技术（Honeypot Technology）使这些问题有望得到进一步解决，通过观察和记录黑客在蜜罐上的活动，人们可以了解黑客的动向、黑客使用的攻击方法等有用信息。如果将蜜罐采集的信息与IDS采集的信息联系起来，则有可能减少IDS的漏报和误报，并能用于进一步改进IDS的设计，增强IDS的检测能力。

对攻击行为进行追踪属于主动式的事件分析技术。在攻击追踪方面，最常用的主动式事件分析技术是蜜罐技术。

蜜罐是当前最流行的一种陷阱及伪装手段，主要用于监视并探测潜在的攻击行为。蜜罐可以是伪装的服务器，也可以是伪装的主机。一台伪装的服务器可以模拟一个或多个网络服务，而伪装主机是一台有着伪装内容的正常主机，无论是伪装服务器还是伪装主机，与正常的服务器和主机相比，它们还具备监视的功能。

Trap Server是一款常用的蜜罐软件，如图12.18所示。该软件是一个适用于Windows系统的"蜜罐"，可以模拟很多不同的服务器，如Apache HTTP Server和Microsoft IIS等，如图12.19所示。

蜜罐的伪装水平取决于三点，即内容的可信性、内容的多样性和对系统平台的真实模拟。其中，内容的可信性是指当攻击者获取信息时，在多大程度上、用多长时间能够吸引攻击者；内容的多样性是指应提供不同内容的文件来吸引攻击者；对系统平台的真实模拟是指蜜罐系统与被伪装的系统之间应采用相同的工作方式。在设计蜜罐的时候需要考虑下面一些问题：

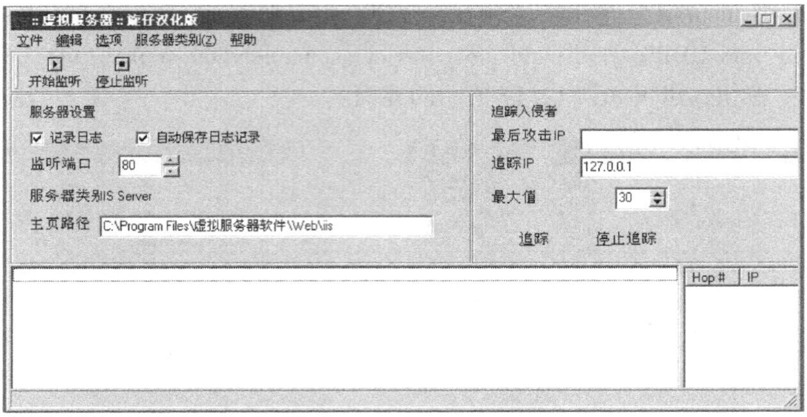

图 12.18 Windows 下的 Trap Server 界面

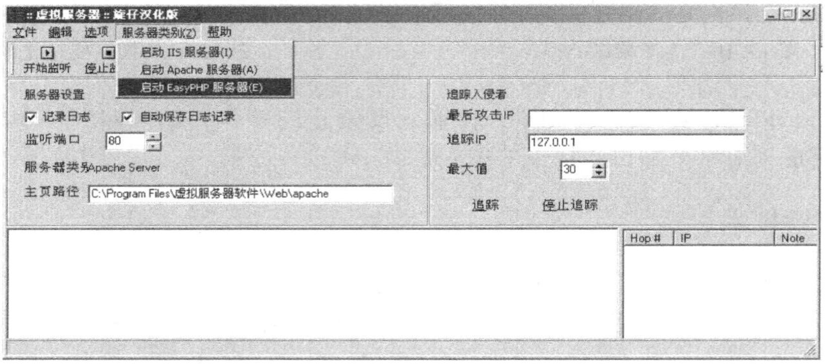

图 12.19 模拟 HTTP 服务

（1）蜜罐应当伪装的对象类型。

（2）蜜罐应当为入侵者提供何种模式的工作窗口。

（3）蜜罐应当工作在何种系统平台上。

（4）应当部署的蜜罐数目。

（5）蜜罐的网络部署方式。

（6）蜜罐自身的安全性。

（7）如何让蜜罐引人注意。

由于蜜罐技术能够直接监视到入侵的行为过程，这对于掌握事件的行为机制以及了解攻击者的攻击意图都是非常有效的。根据蜜罐技术的这些功能特点，可以确定两个主要的应用场合。

（1）对于采用网络蠕虫机制自动进行攻击并在网上快速蔓延的事件，部署蜜罐可以迅速查明攻击的行为机理，从而提高事件的响应速度。

（2）对于隐藏攻击行为，以渗透方式非法获取系统权限入侵系统的事件，部署蜜罐有助于查明攻击者的整个攻击行为机制，从而逆向追溯攻击源头。

要成功地部署并使用蜜罐技术还需要在实际应用过程中进行一系列的操作，其中涉及的主要内容如下。

- 在部署之前对蜜罐进行测试。
- 记录并报告对蜜罐的访问。
- 隔一定的时间对蜜罐做检查和维护。
- 按一定的策略调整蜜罐在网络中部署的位置。
- 按一定的安全方式从远程管理蜜罐。
- 按照预定的时间计划清除过时的蜜罐。
- 在蜜罐本身遭受攻击时采取相关的事件响应操作。

12.4 计算机犯罪取证

在应急响应的第4个阶段即根除阶段，一个很重要的过程就是犯罪取证、抓获元凶，只有这样才能从根本上铲除对计算机系统的危害。通常，进行计算机系统犯罪取证的方法有以下几种。

1. 对比分析技术

将收集的程序、数据、备份等与当前运行的程序、数据进行对比，从中发现篡改的痕迹。例如，对比文件的大小，采用 MD5 算法对比文件的摘要等。

2. 关键字查询技术

对所做的系统硬盘备份，用关键字匹配进行查询，从中发现问题。

3. 数据恢复技术

计算机犯罪发生后，案犯往往会破坏现场，毁灭证据。因此对被破坏和删除的数据要进行有效分析，才能从中发现蛛丝马迹。这种恢复建立在对磁盘管理系统和文件系统熟知的基础上。例如，可以采用 EasyRecovery 等工具来恢复系统中删除的文件。

4. 文件指纹特征分析技术

在计算机中，每个文件尾部会保留一些当时生成该文件的内存数据。这些数据即成为该文件的指纹数据，根据此数据可判断文件最后修改的时间。该技术可用于判定作案时间。

5. 残留数据分析技术

文件存储在磁盘后，由于文件实际长度要小于或等于实际占用簇的大小，因此在分配给文件的存储空间中，大于文件长度的区域会保留原来磁盘存储的数据，利用这些数据可以分析原来磁盘中存储的数据内容。

6. 磁盘存储空闲空间的数据分析技术

磁盘在使用过程中，对文件要进行大量增、删、改、复制等操作。人们通常认为，进行这些操作时，只对磁盘中原来存放的文件进行局部操作。而系统实际上是将文件原来占用的磁盘空间释放，使之成为空闲区域，经过上述操作的文件会重新向系统申请存储空间，再写入磁盘。经过这样一次操作的数据文件被写入磁盘后，在磁盘中就会存在两个文件，一个是操作后实际存在的文件，另一个是修改前的文件，但其占用的空间业已释放，随时可以被新文件覆盖。掌握这一特性，该技术可用于数据恢复，对被删除、修改、复制的文件，可追溯到变化前的状态。

7. 磁盘备份文件、镜像文件、交换文件、临时文件分析技术

在磁盘中，有时软件在运行过程中会产生一些扩展名为“.tmp”的临时文件，还有诸顿这种防病毒软件可对系统区域的重要内容（如磁盘引导区、FAT表等）形成镜像文件，以及".bak"".swp"等文件。要注意对这些文件的分析，掌握其组成结构，这些文件中往往会记录一些软件运行状态和结果以及磁盘的使用情况等，对侦察分析工作会提供帮助。

8. 记录文件的分析技术

一些系统软件和应用软件中，对已操作过的文件会有相应的记录。例如，Windows操作系统在"开始"下的"文档"菜单中记录了所使用过的文件名，IE浏览器中会有"书签"（Bookmark）用于记录浏览过的站点地址。这些文件名和地址可以提供一些线索和证据。

9. 入侵检测分析技术

利用入侵检测工具，可以对来自网络的各种攻击进行实时监测，发现攻击源头和攻击方法，并予以记录，从而作为侦破的线索和证据。

10. 陷阱技术

设计陷阱来捕获攻击者，如上文提到的蜜罐技术等。

思考题

1. 应急响应的任务和目标有哪些？
2. CERT/CC 主要提供哪些基本服务？
3. 应急响应主要有哪6个阶段？
4. 简述 Windows 下的应急响应方法。
5. 如何使用个人防火墙来禁止一个 IP？
6. 如何使用个人防火墙来关闭一个端口？

第 13 章 新的网络攻击方式

本章讲述一些近年来新的网络攻击方法，主要包括由于用户隐私泄露导致的新型攻击、工业控制系统安全面临严峻挑战、智能终端遭受病毒攻击和网络刷票。

13.1 由于用户隐私泄露导致的新型攻击

本节首先介绍个人隐私信息是如何泄露的，然后讲述一些近年来由于用户隐私信息泄露导致的恶意攻击或伤害行为，希望读者以后在遇到类似事件时，做好自身保护。

13.1.1 个人隐私信息泄露

互联网发展到今天，不论是便利性还是实效性都让我们亲身感受到了科技的力量，但与此同时，个人信息泄露、隐私被曝光、诈骗骚扰电话等各种科技寄生虫如影随形。下面是一些典型的用户隐私泄露案例。

1. 快递公司员工出售用户隐私

2018 年 4 月，湖北荆州中级人民法院对一起涉及公民信息泄露案件进行了终审判决，该案是以某快递公司员工为信息泄露主体，快递代理商、文化公司、无业游民、诈骗犯罪分子等多方参与的黑产链条。此案查获涉嫌被泄露的公民个人信息千万余条，涉及交易金额达 200 余万元，同时查获涉及全国 20 多个省市的非法买卖公民个人信息网络群。

2. 交警队职员利用职务之便窃取个人隐私

2014 年李某在许昌县公安局交警五中队任协警，2016 年 5 月份指导员刘某调走了，但他的公安数字证书却忘在了单位办公室的抽屉里，李某就用他的数字证书在公安部的人口管理系统里边查询别人的户籍信息，然后通过昵称为"无所谓"的微信号与"南瓜"（严某）等人联系并出售。如图 13.1 所示为户籍信息。

之后，李某为谋取私利，多次利用履职过程中掌握的平台、密码和民警刘某的公安数字证书，登录河南省人口信息管理系统、公安部人口信息管理系统和河南省交通管理信息平台，获取公民个人信息和车辆信息，并通过微信出售给严某等人，其中向严某出售公民个人信息，获利 7388 元。其行为构成侵犯公民个人信息罪，被判处有期徒刑 9 个月，并处罚金人民币 20000 元。

3. 房产中心员工出售个人信息案

2015 年 4 月至 2016 年 11 月，被告人周某将其在上海市 XX 中心履职过程中掌握的公民个人信息（包括房产的位置、抵押情况、抵押人姓名及联系方式等信息），通过被告人欧某，以电子邮件的方式出售给戚某等人。2016 年 12 月，被告人欧某将从周某处获得的 170 余条公民个人信息以人民币 1 万元的价格出售给被告人叶某用于经营活动。通过上述活动，被告人周某从中获利人民币 3.6 万余元，被告人欧某从中获利人民币 2.4 万余元。

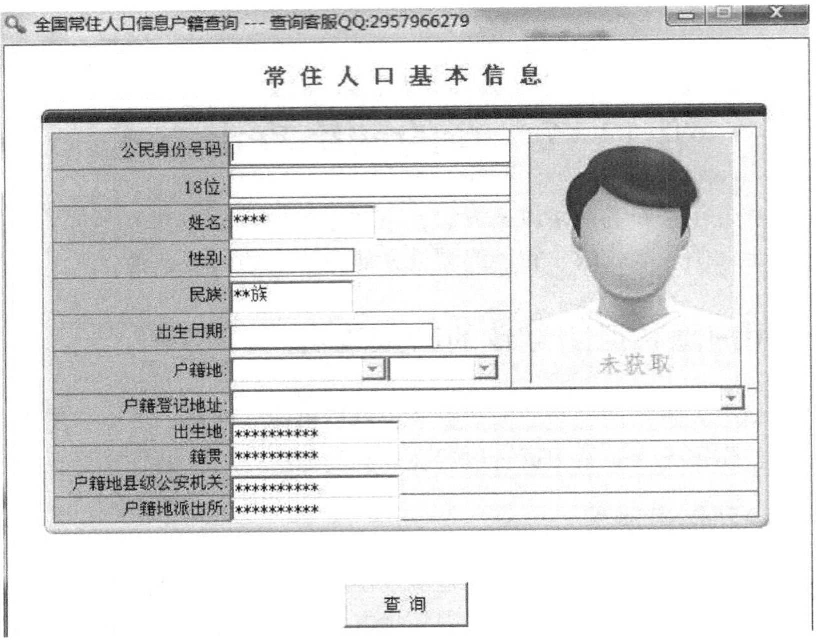

图 13.1　户籍信息

还有许多开发商，在售楼结束后，把新业主信息卖给装修公司。装修公司就会给这些新业主打电话推销装修。

4. 黑客通过攻击网站获取用户隐私

黑客大多利用拖库的方法获取整个数据库的信息，然后出卖。这样的用户数据泄露事件屡屡发生，前有某大型电子邮件服务大规模数据泄露，后有某视频网站近千万条数据泄露，再有某酒店集团旗下所有酒店的用户信息 1.23 亿条，包括姓名、手机号、密码、身份证号、家庭住址等敏感信息泄露。

拖库是指从数据库中导出数据，原本这是一个正常的专业术语，而在多次黑客攻击事件发生后，它被用来指网站遭到入侵后，黑客窃取数据库的行为。拖库的通常步骤如下：

（1）对目标网站进行扫描，寻找它存在的漏洞。

（2）利用漏洞入侵网站，在目标网站植入 WebShell。

（3）利用 WebShell 进入网站的核心数据库服务器，批量导出数据库信息。

2011 年 12 月 21 日有黑客在网上公开提供 CSDN 网站用户数据库下载后，包括人人网、猫扑、多玩等在内的网站部分用户数据库也被传到网上供用户下载。

13.1.2　未点餐却被送餐者强送外卖

近日，一位网友在微博发帖称，自己的女友收到了一份没有点过的外卖，且骑手能准确说出女友的真实姓名、地址和电话。随后他们联系了商家，商家表示送餐男子的确是他们商家的骑手。两人又在外卖平台查询了骑手姓名，发现他们此前并没有该骑手的送餐记录。网友遂怀疑，该骑手故意借点外卖名义送餐到家，一定是别有目的。

这封微博帖子一经发出，立刻引发舆论关注。网友表示，没点外卖却被强行送餐上门，这明显是有所企图，想想都后怕。后来民警对此事做了处理。警方查实，送餐者是听到别的同事评论这位当事人很好，便通过别的同事获取了这位当事人的个人信息，然后自己点餐送给当事人，目的就是想接触这位当事人。

这次事件中，送餐者的行为虽然尚未构成违法犯罪，但其行为明显不当，警方决定对其进行严肃批评教育，要求其写下保证书，并将其行为通报相关外卖平台。

这件事告诉我们，以后接到任何送来的外卖，首先要确认自己或家人是否购买过，再查收。如果一个人在家里，更是要先确认，特别是老人、孩子或妇女一个人在家的时候，尤其要注意。此外，还可以让送餐者把东西放到门口，等他走远了，再开门拿回。

用餐后，最好把送餐条保留 2 天左右，这样在送餐过程中如果有问题，可以凭借外卖送餐条（见图 13.2）追查。

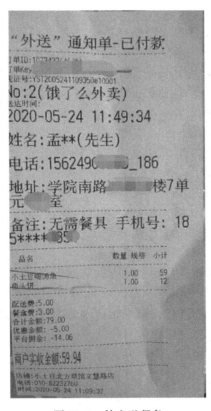

图 13.2　外卖送餐条

13.1.3　莫名的到付快递

有一天，王先生收到一通自称是某公司快递员的电话，说他有一件到付的 29 元的快递。快递上手写的姓名地址等信息都正确，他便付费签收了快递，打开后里面却只有一份保险公司的抽奖单。这时他想退也退不回去了。

后来他了解到，小区内多名住户也收到这类 29 元到付邮件，但其中内容各不相同，大多是宣传单。这让住户们十分气愤，更担心自己的个人信息被泄露。

某日，李爷爷收到了一个到付的快递，快递上写的姓名、联系电话等个人信息都正确，便以为是家里孩子在网上购买的东西到了，爽快地付费并签收了快递。没想到晚上孩子回家后却说并没有在网上购买任何物品。李大爷支付了 100 元，可收到的东西在网上一查却连 10 元钱都不到。

生活当中这种利用到付骗钱的花样层出不穷，都是因为用户的个人隐私泄露，被不法厂商利用，从而造成钱财损失。

13.1.4　手机被恶意呼叫转移

手机呼叫转移条件分为四种：无条件呼叫转移、遇忙呼叫转移、无应答呼叫转移和用户不可及呼叫转移。在不同情况或不同场景中，通常会选择不同的呼叫转移条件。如图 13.3 所示为四种呼叫转移。

小王在山东出差，突然接到北京市朝阳区一个派出所民警的电话，让他去派出所一下，说是他今天早晨送快递的时候，把一个业主的快递扔坏了。小王莫名其妙。一是小王是做软件的，不是送快递的；二是小王人在山东，怎么可能在早晨把别人的快递扔坏呢？再回想一下，最近总有人给自己打电话，问自己是不是送快递的。小王突然明白了，自己的手机被恶意呼叫转移了。所有打给快递员的电话只要快递员不接，就都转移到他手机上来了，为此小王不堪骚扰。

图 13.3　手机呼叫转移

小王最后通过北京市朝阳区派出所民警得到了设置他手机为呼叫转移的那个快递员的电话，并给对方发了短信，告诉对方是不是错误设置了自己的电话呼叫转移，过了两天小王的电话恢复正常了，再也没有收到骚扰电话。

现在针对这种通过呼叫转移进行骚扰的方式依然没有解决办法。主要是因为当事人的隐私泄露，被不法分子恶意使用了。

还有一种利用呼叫转移功能进行诈骗的手段。犯罪分子的基本思路是这样的：先通过打电话的方式欺骗电话用户，声称该用户的身份信息已被盗用，接着宣称为了解决问题要在限定时间内将相应数目的钱打入指定账户，并诱导受害人无意中将电话设置成呼叫转移模式，将所有电话转移到犯罪分子的号码上，这样即使受害人报警了，也无法及时接到真正的派出所的电话。所幸，一般的市级公安局都有"火眼系统"能够追踪来电信息。

其实应对的措施很简单，只要对方要求打款的，均不予理睬。若实在不放心，可以亲自去公安部门查询。另外，一般最好不要在情况不明的前提下给陌生人打款。

13.1.5　假同学借钱

小王在北京工作，一天他接到一个电话，对方自称是他的大学同学小张，并且能说出当年很多同学的现状、电话、工作地等，甚至连他们大学的班主任和辅导员的姓名和电话都能说出来。电话当中小张还说自己目前在深圳工作等信息。小王一想自己大学毕业都 10 多年了，这么长时间没有联系小张，而且他居然能说出这么多信息也就认为这个小张是真的。

又过了两天，这个深圳的小张突然打电话来说自己出车祸了，在医院。现在急需 10 万元住院押金，想向小王借钱。小王这才警惕起来。他想起了网上有许多这种借钱骗人的事。慎重起见，小王给很多大学同学打电话验证这个小张的身份，他们都说不认识这个电话号码。最后小王通过各种关系，联系上了他在深圳的真正的小张同学，这时他确认借钱的小张是假的，便没有汇款，直接把假小张的电话列入黑名单。

其实，这件事当中，假小张是通过网上的同学录网站（如世纪同学录、5460 网站等）获取了全班的人员信息，然后实施自己的骗钱计划的。世纪同学录网站如图 13.4 所示。

图 13.4　世纪同学录网站

遇到这种同学、亲人、朋友通过电话、网络等方式借钱的情况一定要慎重。

13.1.6　通过假中奖信息骗钱

有不法分子假冒"腾讯公司"名义通过各种渠道（如 QQ 聊天信息、QQ 空间回帖、问问的回答、邮件、假冒的系统信息、假冒的腾讯活动网站等）散布虚假中奖信息，大意为用户被系统自动抽取为某活动中奖幸运用户，想要领奖需要先填写个人详细资料及支付相关费用（如押金、运费、手续费、税收等），并要求用户按所提示的联系方式进行汇款。如图 13.5 为 QQ "中奖信息"。

13.1.7　我国对侵犯个人隐私的处理

2017 年 5 月 9 日发布的《最高人民法院、最高人民检察院关于办理侵犯公民个人信息刑事案件适用法律若干问题的解释》（以下简称：《解释》）中，将公民个人信息分为敏感信息、重要信息和普通信息，如果侵犯公民个人信息数量达到一定的标准，则可能构成犯罪。对于"内部人员"犯罪，则规定"减半计算"的从重打击。

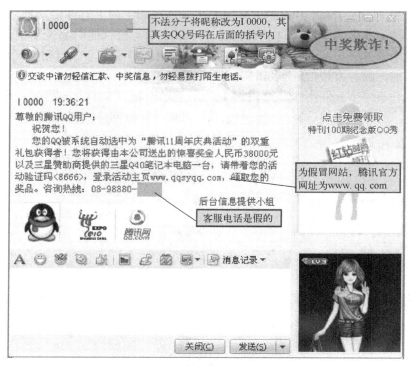

图 13.5 　QQ "中奖信息"

　　目前，有较多机会接触他人隐私的主要是银行、教育、工商、电信、快递、证券、电商等行业，这些行业的内部人员一旦把数据泄露出来，便会成为侵犯公民个人信息的主体。

　　当前，不少网络运营者因为履行职责或者提供服务的需要，掌握着海量的公民个人信息，这些信息一旦泄露将造成严重危害。对此，《中华人民共和国网络安全法》第四十条明确规定："网络运营者应当对其收集的用户信息严格保密，并建立健全用户信息保护制度。"《解释》进一步规定："网络服务提供者拒不履行法律、行政法规规定的信息网络安全管理义务，经监管部门责令采取改正措施而拒不改正，致使用户的公民个人信息泄露，造成严重后果的，应当依照刑法第二百八十六条之一的规定，以拒不履行信息网络安全管理义务罪定罪处罚。"《解释》规定："公民个人信息，是指以电子或者其他方式记录的能够单独或者与其他信息结合识别特定自然人身份或者反映特定自然人活动情况的各种信息，包括姓名、身份证件号码、通信方式、住址、账号密码、财产状况、行踪轨迹等"。

　　值得注意的是，《解释》对公民个人信息进行了分类，并分别制定了入罪标准。对于行踪轨迹信息、通信内容、征信信息、财产信息这些"敏感信息"，非法获取、出售或者提供50条以上即可构成犯罪。

　　对于住宿信息、通信记录、健康生理信息、交易信息等其他可能影响人身、财产安全的公民个人信息，非法获取、出售或者提供500条以上即可构成犯罪。对于上述两项之外的公民个人信息，非法获取、出售或者提供5000条以上即可构成犯罪。

　　《解释》明确规定，特殊主体侵犯公民个人信息，定罪量刑标准比一般人更低。比如一般人提供50条高度敏感信息入罪，如果是从事金融、电信、医疗等部门的人员在提供履行职责或者提供服务过程中获得的高度敏感信息的，25条就够了，也就是减半处理，这体现了对内部人员侵犯公民个人信息犯罪从重处罚的精神。

《解释》还规定，如果不计算信息数量，违法所得 5000 元以上也可构成犯罪。《解释》有利于法院审理此类案件时统一量刑标准、从严把握刑法法条，从严打击侵犯公民个人信息的犯罪行为。

由我国最新发布的《解释》来看，泄露个人信息无疑是犯法的，至于是否构成犯罪以及处罚标准还要视其严重程度决定。特别提醒从事网络运营的人员注意，由于工作原因，网络上收集的个人信息量大且涉及个人隐私，与其他行业相比，特别容易泄露，网络运营的从业人员要特别对这些信息进行保密处理，更不要主动贩卖个人信息。

13.2 工业控制系统安全面临严峻挑战

2010 年 9 月，伊朗布什尔核电站遭到 Stuxnet 病毒攻击，导致核电设施推迟启用。Stuxnet 病毒是一种蠕虫病毒，利用 Windows 系统漏洞和移动存储介质传播，专门攻击西门子工业控制系统。如图 13.6 所示为核电站。

图 13.6 核电站

计算机蠕虫 Stuxnet，在国内被命名为"超级工厂""震网""双子"等。这个针对西门子公司的数据采集与监控系统进行攻击的超级蠕虫，由于攻击了伊朗布什尔核电站的工业控制设施并最终导致该核电站推迟发电，而引起了全球媒体的广泛关注，被称为"超级网络武器""潘多拉的魔盒"。

该蠕虫标志着计算机恶意代码已经可以攻击现实世界中的基础设施，这将可能带来网络战争的军备竞赛。这是第一次从虚拟信息世界发起的对现实物理世界的网络攻击。工业控制系统在我国应用十分广泛，因此工业控制系统的安全更值得高度关注。

工业控制系统作为能源、制造、军工等国家命脉行业的重要基础设施，在信息攻防战的阴影下面临着安全风险持续攀升的运行环境。据统计，我国影响广泛的工业控制系统软件都存在大量的安全漏洞，涉及许多国内外知名工业控制系统制造商的产品。这些安全漏洞的涌现，无疑为工业控制系统增加了风险，进而影响正常的生产秩序，甚至会危及人员健康和公共财产安全。

13.3　智能终端遭受病毒攻击

现在手机、打印机、扫描仪、话筒等智能终端越来越智能化。计算机病毒在传统计算机里已经很难生存，于是它们瞄准了这些智能终端。如图13.7所示为一台智能打印机。

图13.7　智能打印机

例如，有病毒可以通过打印机来传播。用户的计算机里有病毒，于是他把所有硬盘都格式化后重装计算机系统，过一段时间发现病毒又出现了。后来发现这种病毒是通过打印机传播的，只要连接上打印机，病毒就会从打印机传到计算机里。用户苦不堪言，只能找打印机厂商解决。

13.4　网络刷票

网络刷票是指利用代理和不同账号等手段突破网络投票系统限制，采用非公平的方式为某投票选项投票，以获取利益的行为。如图13.8所示为刷票器软件工具。

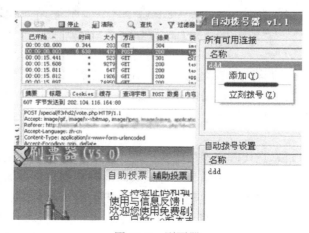

图13.8　刷票器

现在通过微信、网页等方式进行网上投票的活动非常多。很多不法分子看到了代人刷票是一个生财之道，就在网上叫卖"网上投票，一票0.1元钱"。很多人因为看到别人投票时刷票，自己也在网上找人花钱刷票。这样就形成了一个恶性循环。

思考题

1. 用户隐私是如何泄露的？
2. 举例说明你遇到的虚假中奖信息，以及处理方式。
3. 简要说明我国对侵犯个人隐私是如何处理的？
4. 你认为应该如何防止网络刷票？

参 考 文 献

［1］沈昌祥．网络空间安全导论［M］．北京：电子工业出版社，2018.

［2］牛少彰，崔宝江，李剑．信息安全概论［M］.3 版．北京：北京邮电大学出版社，2016.

［3］刘建伟，王育民．网络安全：技术与实践［M］.3 版．北京：清华大学出版社，2017.

［4］翟健宏．信息安全导论［M］．北京：科学出版社，2011.

［5］蔡晶晶，李炜．网络空间安全导论［M］．北京：机械工业出版社，2017.

［6］袁礼，黄玉钏．网络空间安全导论［M］．北京：清华大学出版社，2019.

［7］李剑．信息安全概论［M］.2 版．北京：机械工业出版社，2019.

［8］李剑，杨军．计算机网络安全［M］．北京：机械工业出版社，2020.